這些問題都是

女性荷爾蒙在搞怪！

失眠、發冷、瘦不下來、
肌膚乾燥、腰痛……
學會對策就能解決 90% 的問題！

婦產科醫師 松村圭子／著
黃筱涵／譯

| EPISODE.01 |

所有不順都是荷爾蒙搞的鬼？

叮
叮
大家工作認真點好嗎！
妳肯定還在公司吧？
一起吃飯吧～
咕嚕
唔
大姊——
這邊。
我好餓喔。
好累喔。
坐下
妳眉頭的皺紋好明顯喔。
真誇張。
因為今天真的很慘嘛！
呼—
山田這樣又那樣
連客人的信件也這樣又那樣
最近真的覺得很煩躁。
……是說……

※內臟日文音同荷爾蒙。

會不會是荷爾蒙亂掉了呢？
hormone balance
這、這裡是西餐廳，沒有賣內臟*喔……
還是妳想吃牛胃……？
不是啦——
我上班時……
嗚哇肚子好痛喔～
妳還好嗎？
喝杯熱開水吧
啊……我只是經痛，別擔心……
白開水？
經痛這麼嚴重的話，去看一下婦產科比較好吧？
呼
咦？太小題大作了吧？
施壓
有需要就去看診比較好喔。

結果醫院開了低劑量的避孕藥給我，狀況就變好囉！
哎呀～
熱騰騰
咦～瑠璃啊
沒想到妳也會這麼認真呢！
沒想到？
看起來好好吃……
這麼說來差不多要生理期了呢
好好吃～
眉頭的皺紋鬆開了。
噢！
吼～
啊哈哈
改天再約吃飯吧～
要顧好身體喔。
知道啦 知道啦
荷爾蒙亂掉嗎……
畢竟也這個年紀了……

健康
找本書來看看好了
抽
謝謝惠顧
我回來了~
坐下
年過35歲後
女性荷爾蒙就會減少，
讓身心狀態起伏變大啊？
所以那件事情
煩躁
煩躁
這傢伙老是這樣…
這件事情
吼—
你都做幾年了？
嗚嗚
煩躁煩躁
也和荷爾蒙有關係嗎？

討厭～
真想跟荷爾蒙和平相處～
為什麼會變得這麼浮躁呢……
都已經活了三十多年
揉揉
竟然沒辦法好好控制自己的情緒……
嗯……
身心的不順其實都是荷爾蒙搞的鬼。
荷爾蒙搞的鬼啊……從這個角度思考的話心情就輕鬆多了……
總之……
伸展～
今天先泡個澡吧～
待續

前言

「焦慮到連自己都覺得不對勁的地步。」、「已經好好睡一覺了，卻還是很累。」、「按摩也改善不了肩膀僵硬……」各位是否每天都覺得雖然稱不上生病，身體卻總是有某個地方不舒服呢？

好不容易撥空去醫院看診、檢查，卻沒查出任何異常……這個時代有非常多的女性，日常都苦於原因不明的身體不適。

生活在現代社會，無論是公事還是私事，每個人都背負著或多或少的壓力。透過工作獲得成就感，或是享受充實的私生活時，壓力仍會在不知不覺間累積，最後理所當然地演變成身體上的不適。然而忍耐或是乾脆無視這些不適的人並不少。

再加上女性體內的女性荷爾蒙會隨著經期起起伏伏，受到女性荷爾蒙波動的影響，身心特別容易失衡。

所以請各位別錯過身體發出的訊號，只因不到生病的程度就放棄治癒、忍受著身體不適過生活，實在太過可惜。

請在身體發出警訊之前，正視自己的身心狀況吧。

本書將以簡潔且淺顯易懂的方式，歸納日常生活中容易發生的不適原因，以及能夠輕易執行的對策。只要認識各種不適的應對法或改善法，就能夠讓生活更加舒適。

請一起嘗試對抗身體不適的方法，不再隨著女性荷爾蒙的「起伏」起舞，克服女性荷爾蒙的影響，打造愉快的生活吧！

成城松村診所院長　松村圭子

KEYWORD 1 FOR LADY

現代女性的終身月經次數增加

ABOUT FEMALE HORMONE

一生的月經次數為450次

戰前，女性一生會經歷的月經次數約50次，但是隨著職業婦女增加、生產次數減少，現代女性一生的月經次數攀升到450次。由於子宮沒機會休息，導致婦科相關的問題也增加了。

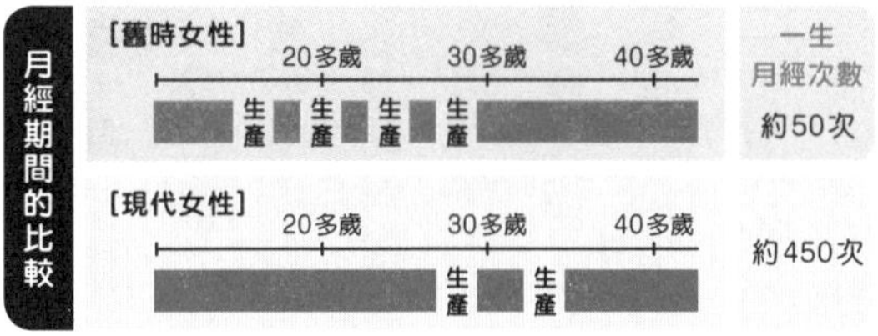

月經期間的比較
[舊時女性]
20多歲
30多歲
40多歲
生產
生產
生產
生產
一生月經次數
約50次
[現代女性]
20多歲
30多歲
40多歲
生產
生產
約450次

資料出處：https://gynecology.bayer.jp/static/pdf/FLX170714.pdf

認識女性荷爾蒙的

4大關鍵字

數年前的女性，
光是要將「生理期」
這個名詞說出口
都難以啟齒。
但是現代女性
已經願意多方嘗試，
加以理解
自己的身體。
想要認識
女性的身體，
就必須正確理解
月經與女性荷爾蒙。

KEYWORD 2 FOR LADY

藉自我保養預防不適

藉自我保養
消除輕微的不適

工作生活兩頭燒的女性，多半會對輕微的不適視而不見。女性的身體不適，多半出自於女性荷爾蒙失調，並與生活習慣息息相關。不適是身體發出的疲勞訊號，所以請勿輕忽，應從現在開始自我保養。

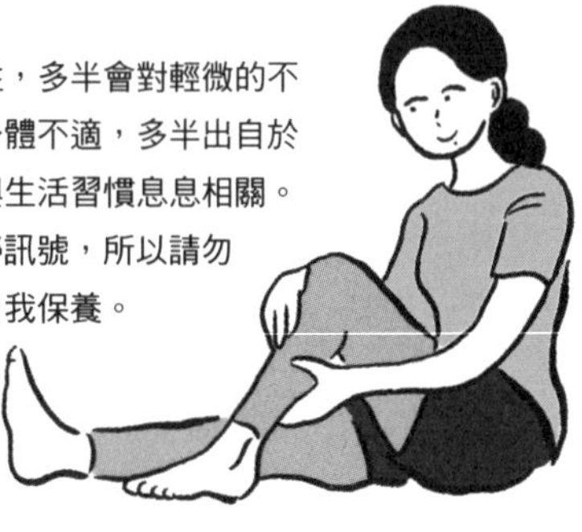

KEYWORD 3 FOR LADY

提高QOL的婦產科

讓婦產科陪伴妳的日常

很多女性認為婦產科是生病才會報到的場所，但其實婦產科理應是最貼近女性生活的場所才對。「避孕藥是避孕專用」已經是過時的觀念了，現在已經踏入「藉低劑量避孕藥提升QOL※」的時代，所以請儘管踏進婦產科諮詢，以提升生活品質吧。

※ Quality Of Life的縮寫，意指生活品質。

KEYWORD 4 FOR LADY

生理用品的多樣化

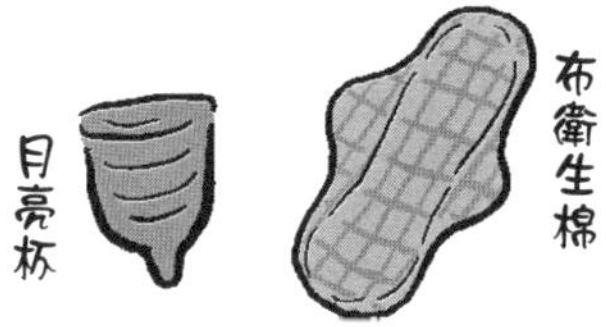

不受單一品項束縛的生活

現代的生理用品相當多元化，除了一般的衛生棉外，還有有機棉衛生棉、布衛生棉、月亮杯※等。沒必要盲從大多數人的選擇，請依自己的喜好與狀況選擇適合的產品，最重要的是讓自己舒適地度過經期。

※直接放入陰道內接住經血的矽膠杯，1次能使用6～8小時。

認識月經！

檢視
妳的荷爾蒙平衡

有時也可以從月經狀態判斷荷爾蒙是否失衡。
所以身心感到不適的人，
請先試著檢視自己的月經狀態吧。

《認識一般的月經》

經血量	期間	週期
20～140mℓ	3～8天	24～38天

\20～140mℓ具體是多少？/

20mℓ
=

約1.5
大匙

140mℓ
=

約1杯
紙杯

或是

1次週期
=

日用衛生棉
1包左右

特別注意
月經的4個重點

這邊挑選了幾點生理期時應留意的重點。
對月經狀態感到不安的人，請先確認看看吧。
或許會發現自己漏掉的地方。

POINT 1 觀察週期

- 月經超過39天還沒來
- 月經不到23天又來了

POINT 3 觀察血量

- 日用衛生棉
撐不到1小時
- 1天只換1片
日用衛生棉就夠了

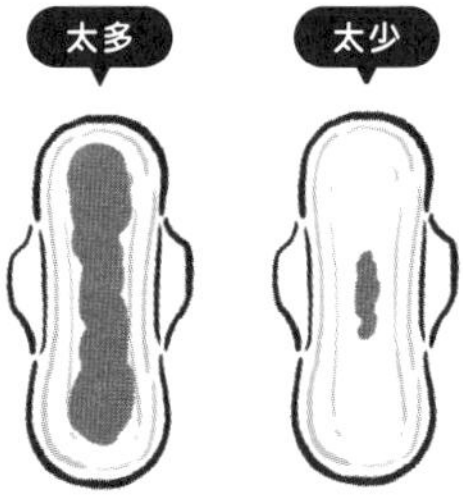

POINT 2 觀察狀態

- 出現豬肝似的
血塊
- 深紅色或是
黑紅色

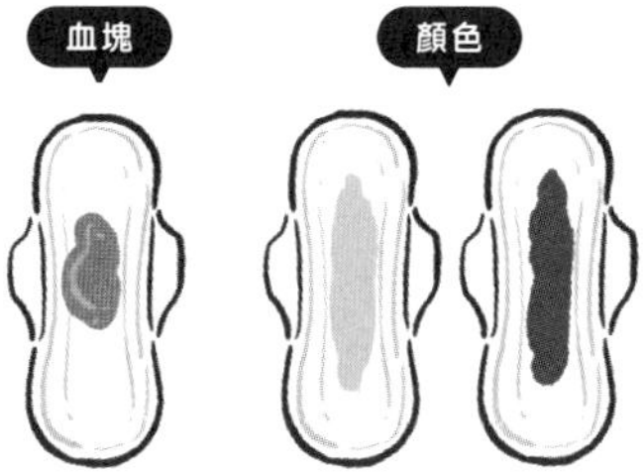

POINT 4 觀察期間

- 2天以內結束
- 持續9天以上

CONTENTS

CHAPTER 1

女性的身體不適，其實是荷爾蒙搞的鬼

CHAPTER 2

身心起伏與整頓方法

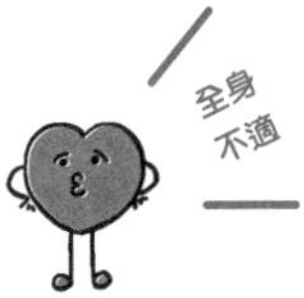

心理狀態的起伏

CHAPTER 3 與婦科有關的困擾

CONTENTS

CHAPTER 4

應該了解的女性疾病

CHAPTER

1

For lady

女性的身體不適，其實是荷爾蒙搞的鬼

TOPIC

要談幸福、不適與女性特質，就不能漏掉荷爾蒙

荷爾蒙到底是怎麼回事？

荷爾蒙是維持身體一定機能的化學物質，多達一百種以上，包括讓心靈平靜的血清素、促進睡眠的褪黑激素等。

不管是哪一種荷爾蒙，分泌量都極少。以女性荷爾蒙之一的雌激素來說，從青春期至停經為止的約四十年間，分泌總量僅約1茶匙。

只需極少的量就足以對身體發揮作用的荷爾蒙，是種「精細且動態」的物質，無論過多還是過少，都會導致原本的作用無法正常運作，進而引發身體不適。因此讓荷爾蒙在必要的時間點，均衡分泌出必要的量是非常重要的。

女性荷爾蒙會對女性人生造成莫大的影響

女性荷爾蒙當中，會對女性身體發揮最重大作用的，就是雌激素與孕酮這2種女性荷爾蒙。

雌激素能夠維持女性特質與健康，使身體保持在容易懷孕的狀態，並且具有豐胸、使骨骼與血管更健壯的功能。

孕酮會讓子宮內膜保持柔軟以利受精卵著床，還能夠輸送孕育寶寶所需的水分與營養等，發揮作用以維持懷孕狀態。

女性荷爾蒙

[動情素]

雌激素

有助於打造出女性帶曲線感的體型，並維持可懷孕狀態的荷爾蒙。由於雌激素還能夠促進皮膚與頭髮的新陳代謝，因此又稱為「美容荷爾蒙」。另外還可以抑制動脈硬化，使骨骼更強壯。

[黃體素]

孕酮

又稱「助孕酮」，能幫助受精卵著床、提升食慾。另外還能促進子宮內的血液循環、提升基礎體溫，以維持懷孕狀態。

TOPIC

荷爾蒙其實是從「腦部」分泌？

女性荷爾蒙的分泌，源自於腦部與卵巢的團隊合作

一般而言荷爾蒙是從內分泌腺製造的，但是對內分泌腺下令「分泌荷爾蒙」的是「腦部」。

這邊稍微說明一下女性荷爾蒙的製造流程吧。首先腦部的下視丘會下達指令，腦下垂體接收到指令後，就會分泌出可刺激卵巢的荷爾蒙，卵巢接收到刺激荷爾蒙後，就會分泌出女性荷爾蒙。

身體會經常將卵巢的狀態回饋給腦部，腦部會依照接收到的資訊，調配分泌女性荷爾蒙的時機與量。

[女性荷爾蒙的分泌機制]

❶ 下視丘

【分泌出的荷爾蒙】

● **促性腺激素釋放荷爾蒙(GnRH)**
能夠促進或抑制下垂體的荷爾蒙分泌，調節荷爾蒙的分泌量。

❷ 腦下垂體

【分泌出的荷爾蒙】

● **濾泡刺激素（FSH）**
讓雌激素分泌，促進卵泡成長。

● **黃體成長激素（LH）**
使卵泡轉變成黃體。

● **催乳素（泌乳激素）**
會在生產後增加，促進乳汁分泌的同時，抑制雌激素分泌。

❸ 卵巢

【分泌出的荷爾蒙】

● **雌激素（動情素）**
卵泡就像包住卵子的袋子一樣，受到濾泡刺激素的刺激，卵泡就會分泌出雌激素。

● **孕酮（黃體素）**
黃體是排卵※後由卵泡變成的，會分泌出孕酮，促使懷孕或是維持懷孕狀態。

❹ 子宮

※排卵指的是卵巢朝輸卵管（卵子、精子、受精卵的通道）釋放出卵子，1個月排卵1次。

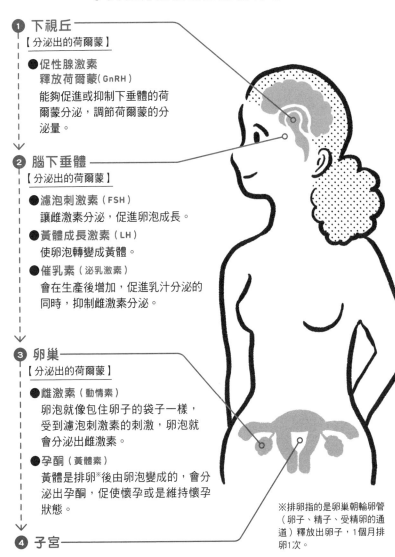

TOPIC

女性荷爾蒙的波動會反映在身心狀態上

女性荷爾蒙的分泌是有波動的

女性荷爾蒙的分泌量會隨著月經週期變化。正常週期為24～38天內，並分成經期、月經結束後、排卵後與經前這4個階段。

經期的雌激素與孕酮量都偏少，等月經結束後才會為了排卵逐漸增加雌激素，在排卵後迎來巔峰的雌激素會逐漸減少，接著換孕酮開始增加，並在經前的前半段迎來巔峰，隨著下一次的經期逼近，雌激素與孕酮都會逐漸變少。

女性荷爾蒙會隨著月經週期一下增加、一下減少，畫成圖表就有如波浪般。這個波浪會造成我們的身心起伏，出現難以自行掌控的不適狀態。而各階段的特徵如下。

女性荷爾蒙的波動，會使女性身心產生許多變化

【經期】　體溫降低、血液循環變差，容易出現身體冰冷或頭痛等症狀。也有不少人會有嚴重下腹痛（經痛）的問題。而且會覺得身體沉重、失去幹勁、情緒低落……連皮膚都容易變得乾燥。

【月經結束後】　新陳代謝變好，皮膚變得光滑。免疫力與幹勁都會提升，是態度比較積極的時期。這時樂觀的心理也更具抗壓性。

【排卵後】　皮脂分泌變得活絡，容易長痘痘的時期，四肢也容易水腫，有些人還有便祕的問題。

【經前】　總之就是煩躁、非常消沉，內心相當不安定。這時可能會出現頭痛、肩膀僵硬、腰痛等困擾，皮膚也很容易長斑。

\ 身心都會大受影響 /

女性的月間荷爾蒙變化

中性期	煩躁期
排卵後	經前

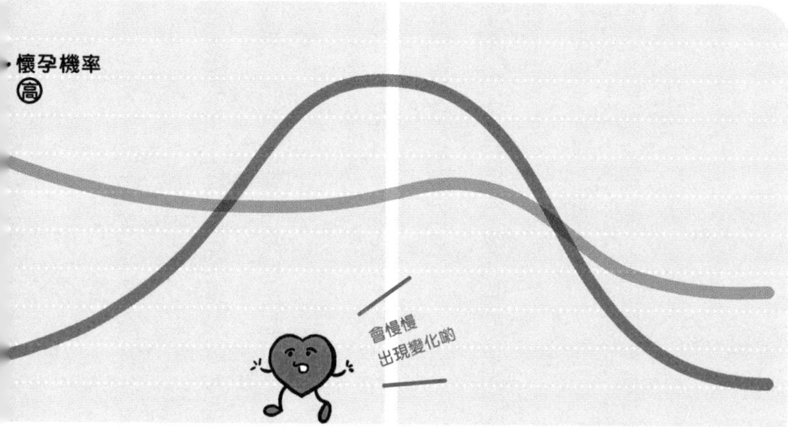

中性期（排卵後）	煩躁期（經前）
● 開始水腫或便祕 ● 容易長痘痘	● 水腫 ● 便祕 ● 肩膀僵硬 ● 腰痛 ● 頭痛等
● 心情從悠閒模式逐漸變得不穩定	● 煩躁 ● 消沉 ● 總之內心很不平靜

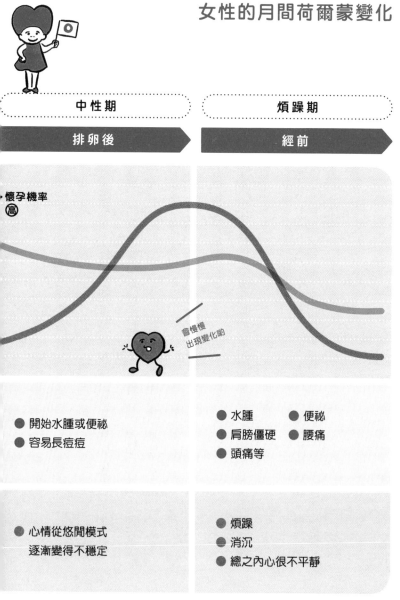

女性荷爾蒙會在1個月中產生巨大的變化。
只要認識荷爾蒙的波動，就能預測自己的身體狀況。
所以一起來了解荷爾蒙的分泌變化，做好應付不適的準備吧。

這3～8天就屬於「生理期」

	懶洋洋期	閃閃發亮期
	經期	月經結束後

荷爾蒙的分泌量

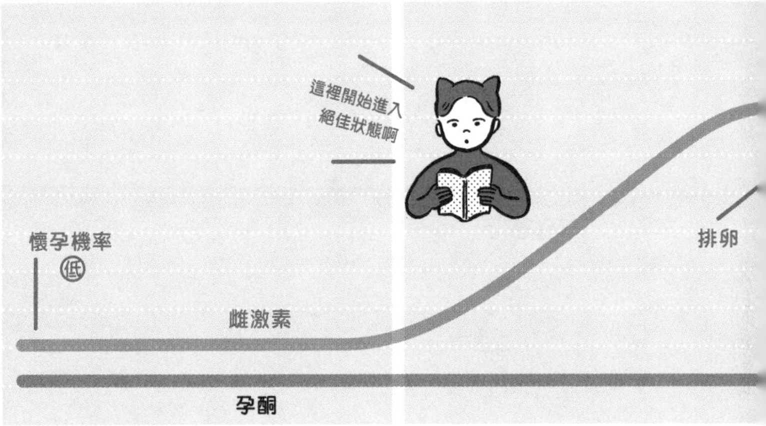

	懶洋洋期	閃閃發亮期
身體	● 體溫降低 ● 血液循環不良 ● 身體發冷 ● 經痛	● 狀態極佳 ● 代謝提升，變得很有活力
內心	● 憂鬱 ● 覺得沉重、提不起幹勁	● 積極樂觀 ● 抗壓性強

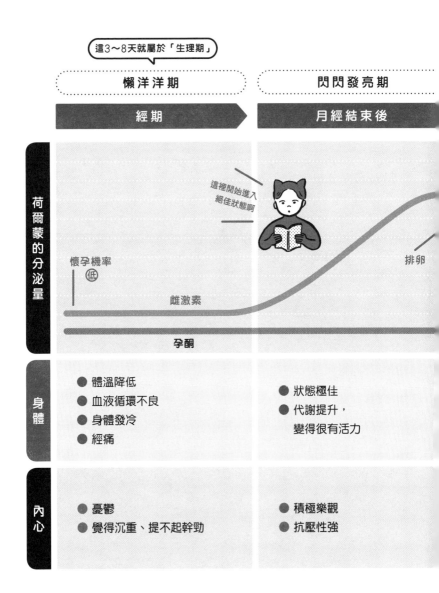

\ 以一生為單位同樣可看出波動 /

女性的一生荷爾蒙變化

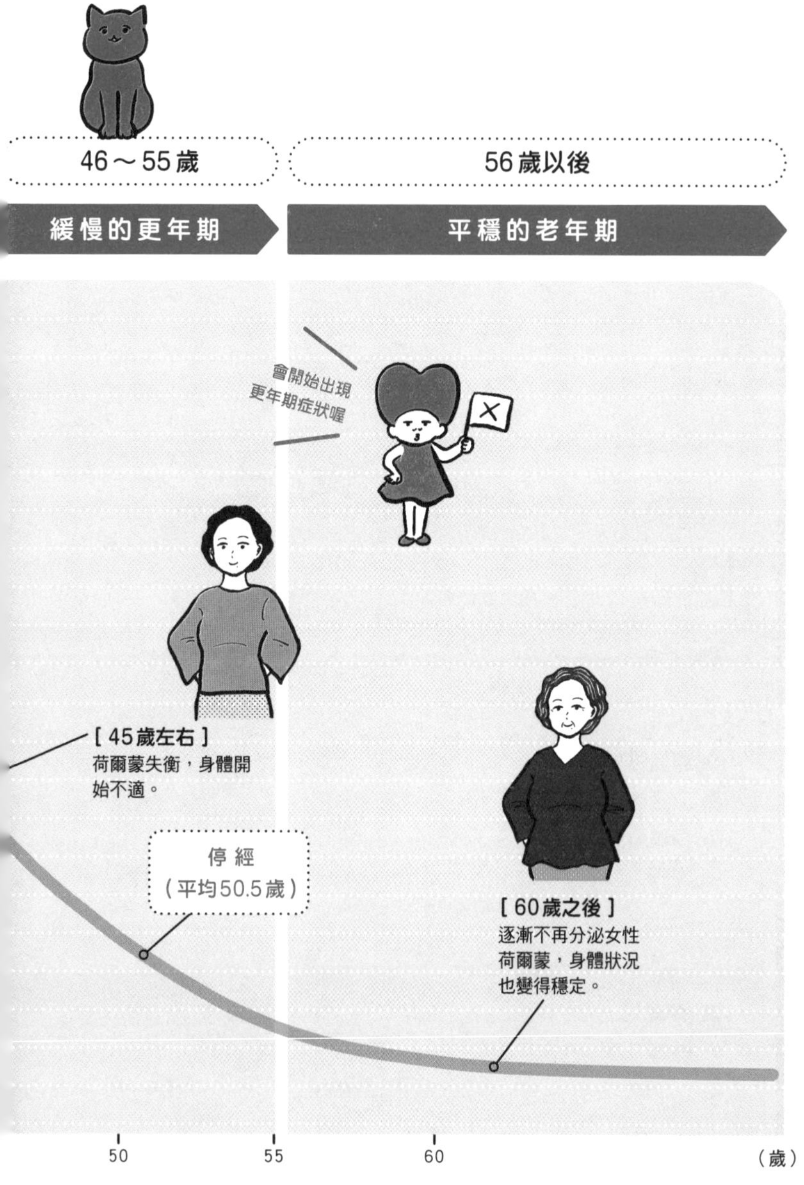
46～55歲
56歲以後
緩慢的更年期
平穩的老年期
會開始出現
更年期症狀喔
[45歲左右]
荷爾蒙失衡，身體開
始不適。
停經
（平均50.5歲）
[60歲之後]
逐漸不再分泌女性
荷爾蒙，身體狀況
也變得穩定。
50
55
60
（歲）

這次一起來看看女性的一生吧。

女性荷爾蒙光是在 1 個月內就會出現劇烈變化，綜觀整個人生同樣變化劇烈。因此身體不適的類型也會隨著生命階段變化。

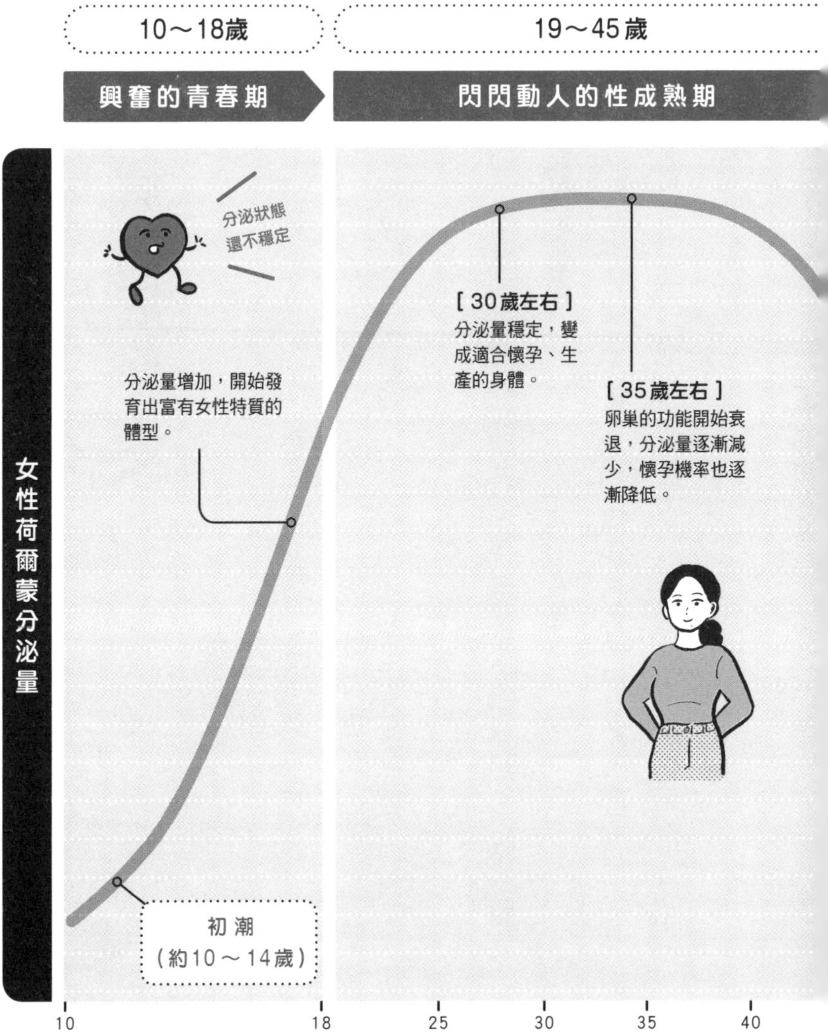

10～18歲
19～45歲
興奮的青春期
閃閃動人的性成熟期
女性荷爾蒙分泌量
分泌狀態還不穩定
分泌量增加，開始發育出富有女性特質的體型。
初潮（約10～14歲）
[30歲左右]
分泌量穩定，變成適合懷孕、生產的身體。
[35歲左右]
卵巢的功能開始衰退，分泌量逐漸減少，懷孕機率也逐漸降低。
10
18
25
30
35
40

TOPIC

身心起伏過於激烈是荷爾蒙失衡造成的

荷爾蒙分泌與自律神經都聽從同一個「司令塔」的指令

20頁已經說明，女性荷爾蒙的分泌與腦部下視丘有關，而下視丘控制的不只有荷爾蒙，還包括自律神經。

自律神經是由交感神經與副交感神經組成，這2種神經是生命活動（呼吸、體溫、心跳等調節）所不可或缺的神經。

交感神經就像油門，副交感神經就像剎車，因此需要大量運用身體機能的白天，會讓交感神經優先運作，需要藉由充足睡眠以休養身體的夜間，則會由副交感神經優先運作。這才是人體原本均衡運作的狀態。

自律神經失衡也會造成荷爾蒙失衡

人體的健康是由「自律神經、荷爾蒙、免疫※」這三大台柱支撐，任何一項沒有順利運作的話，就會影響其他兩項並影響健康。

其中自律神經與女性荷爾蒙會聽從同一處司令塔的指令，因此只要任一方出問題，另一方也會跟著失衡。

自律神經不耐壓力，也就是說，壓力同時也是女性荷爾蒙的天敵。

※保護身體不受細菌或病毒等侵擾的抵抗力。

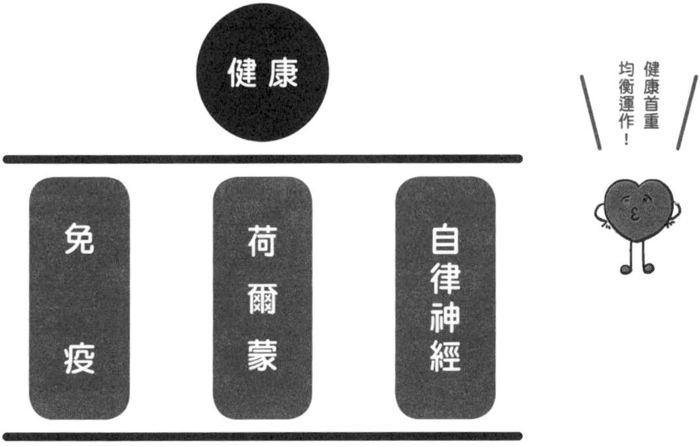

支撐健康的三大台柱，任一個出問題，健康就會立刻出狀況。

COLUMN

極端限醣會對
女性荷爾蒙造成負面影響？

減少飯食或是麵包等富含醣類食品的攝取量，就稱為「限醣」。限醣能夠將儲存在體內的脂肪轉換成能量，具有相當高的減肥效果而備受討論，但是過度限醣卻會影響女性荷爾蒙的均衡。極端限醣會增加對身心的壓力，導致自律神經失衡，而自律神經與女性荷爾蒙可以說是連體嬰，所以不可避免地女性荷爾蒙也會跟著混亂，容易造成月經不順、頭髮失去光澤等女性最害怕的事情。醣類是製造幸福荷爾蒙「血清素」的必需材料，因此缺醣也會造成情緒浮躁。體重減輕的數字變化或許令人滿足，但其實稱不上是健康的減肥法。想要維持自律神經與女性荷爾蒙正常運作、健康地減肥，相較於過度的減醣，比較建議藉由均衡攝取蛋白質提高代謝，並搭配適度的運動。

CHAPTER

2

For lady

身心起伏與整頓方法

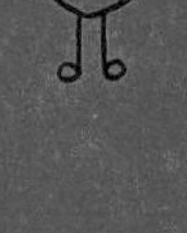

CHAPTER2 的使用方法

接下來要針對女性容易遇到的不適，
逐一解說改善的方法。
請各位加以參考，找到適合自己的做法吧。

01
MIND SWING
沒有幹勁
1
2
【原因】
排卵後至月經前缺乏幹勁是正常的，這段期間本來就是要讓身心休息以準備懷孕，所以會藉由荷爾蒙的作用，阻止女性奮力工作或是大玩特玩導致身體累壞。
3
【應對法】
① 坦率面對自己的情緒
② 為生活增添香氣
③ 藉由刷牙讓頭腦更清醒！
4
【重點】
請別在缺乏幹勁的時候逼迫自己「必須努力！」。若能找到適合自己的提升幹勁法，遇到非做不可的事情時就會方便許多。
098
沒有幹勁
應對法
1 坦率面對自己的情緒
呆～
今天不行了⋯
NG
缺乏幹勁的時候嚴禁勉強自己！等恢復精神再想辦法挽回即可。
5
坦率接受內心的休息訊號吧
6
月經前容易沒精神，是因為女性荷爾蒙進入「防守」模式的關係。無精打采是為了促使女性保重身體，做好懷孕的準備。
這時候就坦率接受內心的休息訊號，不要強逼自己動起來了。
平常可以俐落完成的事，在這段期間會變得拖拖拉拉，甚至有倦怠感，連自己都看不下去，但是等精神恢復後再加倍努力就行了！請將這段期間視為充電期，好好讓自己休息一下吧。
099 | Chapter 2 | 身心起伏與整頓方法

❶ 不適

這裡會盡量詳細提出不適的種類。

❷ 原因

以淺顯易懂的方式，解釋引發不適的原因。

❸ 應對法

仔細彙整了改善不適的應對方法。

❹ 重點

將關於不適的概念與應對法彙整成重點。

❺ 圖解

用插圖解說應對法的效果或方式，幫助各位更容易理解。

❻ 解說

整理了應對法能夠改善不適的原因，以及在採取應對法時的細節。

| EPISODE.02 |

身體狀態的起伏

總覺得今天……
右晃
左搖
超級想睡覺……
不行不行
搖搖晃晃
喝杯咖啡
大口吞下
提振精神！
明亮
啪！
……小姐！
保奈美小姐！
哇！我睡著了？
驚醒
唰啦
唰啦
妳還好吧？
嗚嗚
今天狀況真差…

BODY
身體狀態的
起伏
SWING

女性荷爾蒙的波動與身體狀態起伏的關聯性

對身體變化愈敏感的人，愈容易受荷爾蒙波動影響

女性荷爾蒙是女性魅力與健康不可或缺的要素，但是有時會因其分泌量與週期，而產生令人不快的症狀。

舉例來說，月經前會整天想睡、皮膚變得粗糙，月經期間會頭痛、腰痛、手腳冰冷，雖然症狀沒有嚴重到必須看醫生，但還是很不舒服……沒錯，就是所謂的輕微不適。

女性荷爾蒙的分泌量會在整個月經週期當中增增減減，愈是容易感受到這股波動的人，愈容易出現不適症狀。

與月經週期環環相扣的不適 正是荷爾蒙運作的證據

屬於女性荷爾蒙的雌激素與孕酮，如果規律分泌的話，經期就會相當規律。如果身體的輕微不適，都隨著月經週期出現的話，也可以視為女性荷爾蒙正常運作的證據。

只要認識自己的月經週期，了解自己身體的「運作規律」，遇到容易受輕微不適困擾的時期就能夠多加留意。而這裡就要介紹與不適和平相處、不被不適擺弄的方法。

身體狀態的起伏

01

BODY SWING

總是想睡、睡不著

【原因】

月經前身體受到孕酮作用的影響，體溫會上升（19頁）。原本身體會在夜晚降低至適合睡眠的體溫，但是月經來之前體溫難以降低，所以晚上會睡得比較不好，睡眠品質也會變差，導致白天想睡。

【應對法】

① 打造適合睡眠的環境
② 做點睡前伸展操
③ 睡前1小時不使用手機或電腦
④ 用溫熱的水泡澡
⑤ 白天適度午休，不要忍耐

【重點】

月經前會想睡，是女性荷爾蒙在發出提醒：「請讓身體休息！」可以的話請別忍耐，想睡的時候就去睡一下。沒辦法睡的話，至少也要想辦法維持晚上優良的睡眠品質。

《檢視妳的睡眠品質》

睡眠是能夠兼顧美麗與健康的最佳修養法。
但是也並非睡多一點就比較好。
一起來檢視自己的睡眠品質是否良好吧。

- ☐ 睡前一直在用手機或電腦
- ☐ 躺上床超過30分鐘還睡不著
- ☐ 半夜會醒來
- ☐ 睡醒時不清醒，會睡好幾次回籠覺
- ☐ 起床後還是覺得身體很沉重，懶洋洋的
- ☐ 白天總是有睡魔來襲
- ☐ 休假整天都在補眠
- ☐ 就寢時間不規律
- ☐ 無法維持固定長度的睡眠時間

應對法 1

打造適合睡眠的環境

換上睡衣

睡前一定要換上專門的睡衣，把這當成入睡儀式。建議選擇親膚、透氣且吸濕效果佳的材質。

選擇不會妨礙翻身的枕頭

選擇頸部能夠維持自然弧度的枕頭，並要具備頭部不會下陷的硬度，讓身體能夠順利翻身。

放鬆腦部有助於提升睡眠品質

重新審視睡眠時的環境，是提升睡眠品質的第一步。睡前讓腦部放鬆則是第一要件。

所以請減少床鋪周遭的物品，降低透過視覺進入腦部的資訊量，燈光則應該選擇有助於沉澱心靈的類型。每天晚上睡覺前換上睡衣，也有助於幫助腦部認知「換上這套衣服代表要就寢了」，日後只要換上睡衣就能夠讓身體開始準備入睡。此外再搭配符合自己身型的枕頭，讓翻身更加順利，如此一來便能夠一覺到天亮。

總是想睡、睡不著

運用間接照明

偏白的光線會刺激交感神經，所以不適合。準備就寢時，請試著用暖色的間接照明，打造出平穩的光線環境吧。

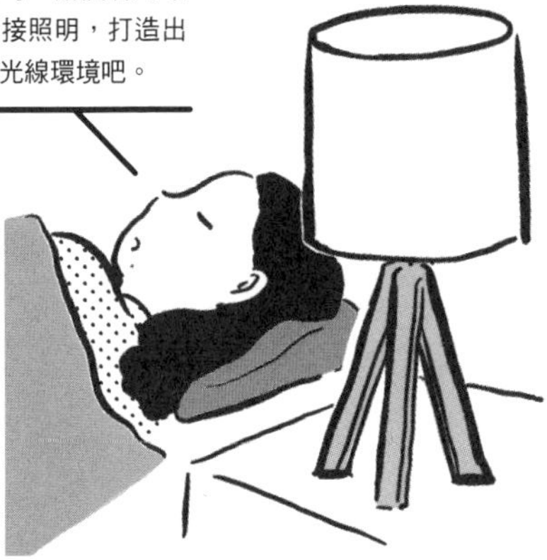

直到想睡覺才上床

清醒著待在床上時，腦部會記住「這裡不是睡眠場所」，所以請等想睡時再上床。

不要擺放桌曆

睡眠空間嚴禁擺放桌曆，因為聯想到接下來的計畫或活動，會使腦部無法放鬆。

應對法

2 做點睡前伸展操

盤腿坐挺直背脊，緩慢吸氣的同時，將雙臂往左右張開，挺胸並使視線稍微往上。

緩慢吐氣，雙臂畫出大圓般往身體前方伸直，同時將背部拱圓臉部朝下。總共要執行6次。

舒緩身體緊張
打造舒適的睡眠

努力一整天後，全身會變得很僵硬，在腦部冷卻下來之前，身心都會處於緊繃模式。在這種狀態下直接上床就寢，是很難熟睡的。

所以這邊特別推薦各位執行睡前伸展操。藉由緩慢的動作放鬆身體後，就能刺激副交感神經（28頁），有助於沉澱心靈，自然地感受到舒適的睏意。

搭配盤腿坐等張開骨盆的姿勢，效果會更好。

應對法 3

睡前1小時不使用手機或電腦

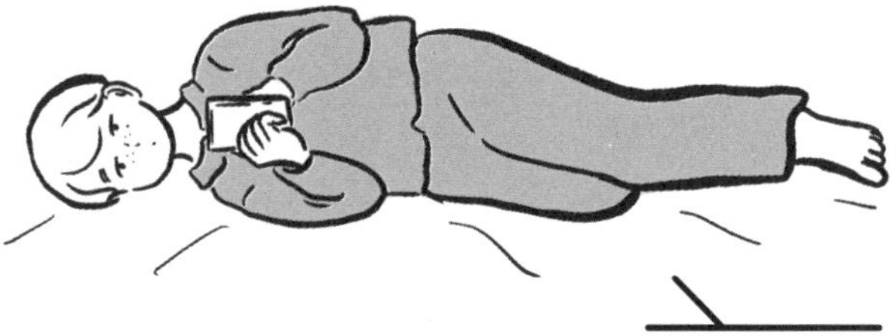
想睡了……但還是忍不住看

NG

請在躺上床之前放下手機，不要躺在床上玩手機！

MINI COLUMN

藍光減量！
活用「Night Shift」

iPhone內建的「Night Shift（夜覽）」功能，可以減少藍光的量。只要打開設定⇒「螢幕顯示與亮度」⇒「Night Shift（夜覽）」即可選擇開啟或關閉。

夜間要讓
腦部與內心都
進入休息模式

藍光是睡眠的天敵！

手機與電腦螢幕等3C產品所發出的藍光，會打亂我們體內的生理時鐘。

若是想要維持良好的睡眠品質，必須仰賴有「睡眠荷爾蒙」之稱的褪黑激素。褪黑激素能夠降低體溫，誘發睡意，但是暴露在藍光中卻會抑制褪黑激素的分泌，而且不只是藍光，其他的耀眼光線也會刺激交感神經（28頁），促使腦部亢奮。

因此睡前1小時請避免使用手機與電腦。

應對法 4

用溫熱的水泡澡

NG

睡前泡在42度以上的熱水中，會使交感神經優先運作，反而讓頭腦更加清醒，請特別留意！

GOOD

最晚在就寢的90分鐘之前，在38～39度左右的溫水中泡20～30分鐘，就能夠順利入眠。

最好在睡前90分鐘前泡完澡

人在快要睡著的時候，會提升皮膚溫度（四肢的表面溫度）放熱，讓深層體溫（體內的溫度）一口氣降低。泡澡時體溫會上升，離開浴缸後深層體溫會驟降，因此泡澡也有助於開啟入睡的開關。

想要提升睡眠品質，建議在上床前泡在38～39度的溫水中20～30分鐘，最晚應該在就寢的90分鐘前泡完。

但是切記睡前不要泡太燙的熱水，否則會刺激交感神經造成反效果。

應對法 5

白天適度午休，不要忍耐

NG

白天睡太久的話，晚上就會睡不著，午睡請控制在30分鐘內。

GOOD

起床後立刻伸懶腰提升血液循環，會更加清爽。

真的想睡就去睡才是正道

月經前體溫會受到孕酮影響而上升，因此很容易白天昏昏沉沉、夜間反而清醒，陷入睡眠不足的狀態。有時甚至會有難以抵抗的睡魔襲來，這種時候會建議直接去睡比較好。但是切記，午睡雖然能有效消除睡意，仍應該控制在30分鐘以內。

擔心自己就這樣一路睡下去時，不妨在睡前喝杯咖啡。咖啡因會在攝取後20分鐘左右產生作用，正好有助於清醒。

|身體狀態的起伏|
02
BODY SWING

容易疲倦

【原因】

孕酮會在月經期間減少，所以體溫會逐漸降低（25頁）。因此身體會冰冷使血液循環變差，經血的流失也會使身體陷入貧血般的狀態，身體自然更加容易疲倦。

【應對法】

① 提升體溫，告別疲倦

② 攝取蛋白質與鐵質

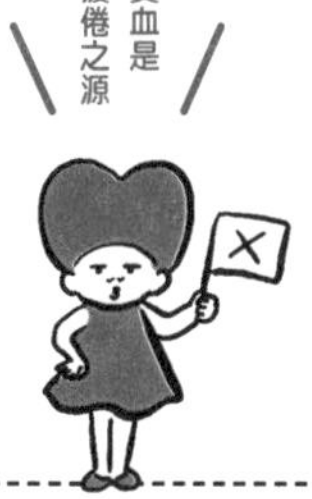

【重點】

身體會大量分泌孕酮，以做好懷孕的準備，但是當身體發現沒這個必要時，荷爾蒙的量就會一口氣降低（月經期間）。這種劇烈的荷爾蒙變化，容易造成身體疲倦。

應對法 1

提升體溫，告別疲倦

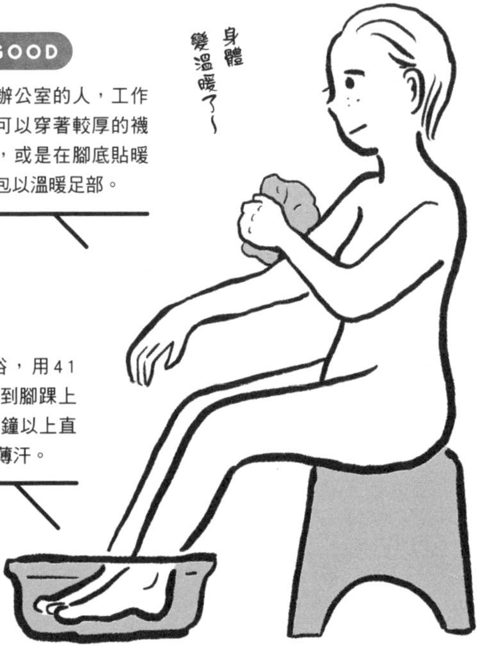

GOOD

坐辦公室的人，工作時可以穿著較厚的襪子，或是在腳底貼暖暖包以溫暖足部。

建議泡足浴，用41度的熱水泡到腳踝上方，泡20分鐘以上直到額頭沁出薄汗。

溫暖足部能夠有效提升體溫

消除疲勞最好的方法，就是泡澡溫暖身體。血液循環順暢的話，就能讓心靈放鬆的副交感神經（28頁）優先運作。時間不夠充裕時，也可以泡腳就好！用臉盆或水桶等裝41度左右的熱水，將足部泡入到腳踝上方，泡20分鐘以上直到額頭沁出薄汗。

腳踝有很粗的血管，所以只要泡1分鐘左右，就能夠使溫暖的血液流遍全身，以極佳的效率迅速提升體溫。

應對法

2

攝取蛋白質與鐵質

[目標攝取量]

鐵質

10.5mg／日

↓

換算成小松菜

380g的量

↓

不足的話……

身體會變得沉重、懶洋洋，且容易引發眩暈、站起時眼前昏花等身體不適，有時連頭髮都會變毛躁。

蛋白質

50g／日

↓

換算成鮭魚切片

2.8片的量

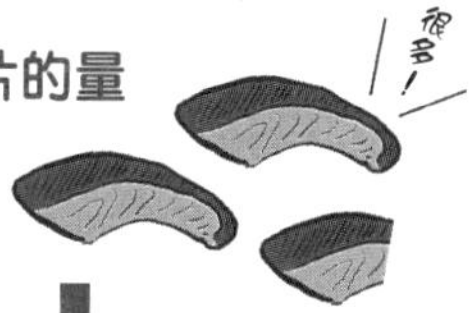

↓

不足的話……

免疫力會變差，容易感冒。肌肉量也會減少使基礎代謝變差，有的人會因此變得容易發胖。

改善飲食以消除經期的疲勞模式

這裡建議藉由高蛋白飲食來對抗經期身體冰冷引發的疲勞。蛋白質是組成肌肉的營養素，確實攝取有助於提升基礎代謝（能量）。基礎代謝提升的話，體溫就會隨之提高，使血液循環變好、消除疲勞。

如果疲勞是源自於經期造成的貧血，則可以藉由鐵質有效改善。富含鐵質的食材包括小魚乾、小松菜、肝臟等。運用鐵製的平底鍋或任何鐵鍋來調理，也能夠一點一滴地攝取鐵質。

[平常的飲食中再多加這一道]

蛋白質

早餐	午餐	晚餐
＋ 牛奶	＋ 水煮蛋	＋ 豆腐
6.6g／1杯	6~8g／1顆	5~7g／1/3塊

其他還有……

烤鮭魚  18g／1片

牛肉（菲力） 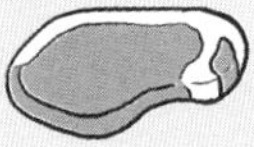 21g／100g

鐵質

早餐	午餐	晚餐
＋ 水煮菠菜	＋ 小魚乾碎片	＋ 滷鹿尾菜
2mg／100g	1.8mg／10g	2.8mg／5g

其他還有……

牛肝  4g／100g

小松菜  2.8mg／100g

身體狀態的起伏

03

BODY SWING

身體冰冷

【原因】

經期時體溫會隨著孕酮減少而下降，所以身體特別容易冰冷（25頁）。熱能也會隨著經血與水分流失到體外，所以又會進一步使身體冰冷。

【應對法】

① 藉由足部猜拳促進腳趾血液循環

② 溫暖內臟，從體內改善冰冷問題

【重點】

放著身體冰冷不管，內臟的運作效率會變差，免疫力自然也會降低。此外，血液循環不良也會造成諸如月經不順、失眠、肩膀僵硬、頭痛等身體不適，所以要運用各種方法來溫暖身體。

應對法 1

藉由足部猜拳促進腳趾血液循環

GOOD

腳趾無法順利做出動作的人，只要反覆縮起與張開也會有效果。

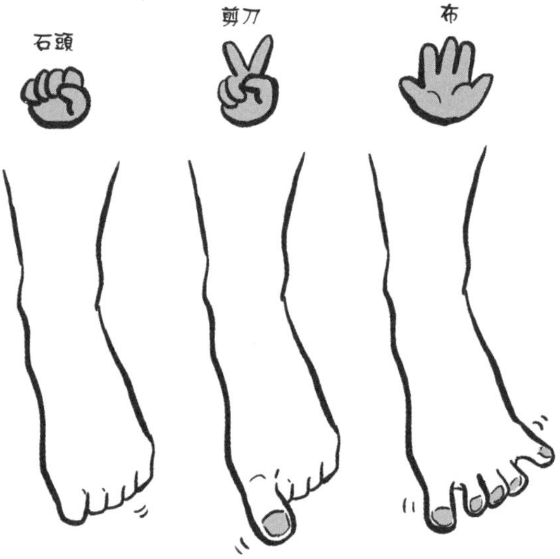

只要反覆剪刀石頭布即可

「肢體末梢冰冷」常見於女性的原因，在於女性的肌肉量少於男性，難以發揮幫浦的作用將血液送到末梢。再加上月經會導致熱能流失，所以特別容易冰冷。

這邊推薦各位運用「足部猜拳」來改善肢體末梢冰冷的問題，首先縮起所有腳趾（石頭），接著從石頭的形狀伸出大拇趾（剪刀），最後再盡情展開所有腳趾（布）。反覆進行這組動作直到腳趾逐漸溫暖即可。若能夠同時轉動腳踝，血液循環就會變得更好。

應對法 2

溫暖內臟，從體內改善冰冷問題

《內臟冰冷的警訊》

- ☐ 腹部比腋下低溫
- ☐ 腸胃不好
- ☐ 經常感冒
- ☐ 平均體溫偏低（36度以下）
- ☐ 喜歡冷飲
- ☐ 經常飲用咖啡或紅茶

「內臟冰冷」是荷爾蒙平衡的天敵

身體冰冷的種類五花八門，其中腹部一帶或是內臟溫度不夠高的「內臟冰冷」，就是種不太會出現症狀的冰冷狀態。請各位同時觸摸腋下與腹部，如果覺得腹部比較低溫的話，就代表內臟正處於冰冷狀態。內臟冰冷的人平常的平均體溫就偏低，也很容易感冒。這樣的人似乎也有經常飲用冷飲的習慣。

內臟冰冷時，卵巢的溫度也可能偏低，導致無法順利分泌女性荷爾蒙，進而更容易招致身體不適。

[溫暖內臟的訣竅]

❶ 飲用溫開水

夏天好像也很容易內臟冰冷

將煮沸過的開水放涼至50度左右，溫開水能夠慢慢溫暖腸胃，在活化腸胃運作之餘促進代謝。

❷ 攝取薑

加熱過的薑會釋放出辛辣成分「薑烯酚」，有助於活化血液循環。平常也可以在味噌湯等湯品中加點薑享用。

❸ 使用暖暖包

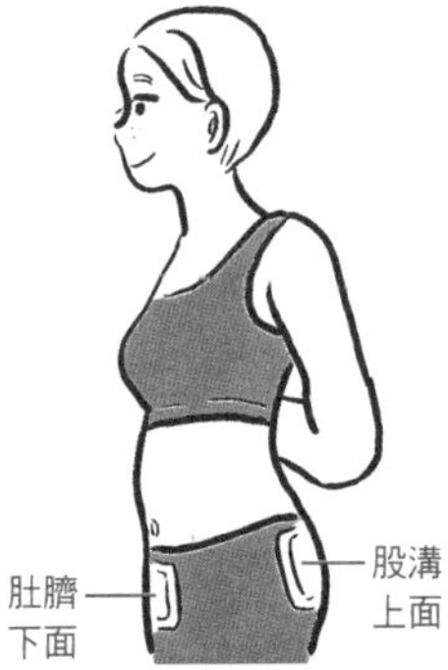
肚臍下面
股溝上面

在下腹與臀部等具有較大塊肌肉的部位貼暖暖包，能夠以極佳的效率溫暖全身。

身體狀態的起伏
04
BODY SWING

瘦不下來

【原因】

排卵後至月經前，是有可能懷孕的時期，此時孕酮會提高作用，讓身體更容易儲存養分與水分，所以才會有體重增加的傾向（24頁）。

【應對法】

① 別讓體重計出現在視線中
② 想吃什麼就吃什麼
③ 藉黑色食材提升代謝

【重點】

這段時期體重增加，可說是女性荷爾蒙正常運作的證據，所以不用太在意月經前的體重增加。要減肥的話也應該避開經期，等月經結束再開始進行。

應對法 1

別讓體重計出現在視線中

MINI COLUMN

為什麼身體要累積水分呢？

據說是身體在排卵後，會為了懷孕的需求，想辦法將養分與水分儲存在體內。

經前體重增加是女性荷爾蒙的作用

止不住的食慾、浮腫的下半身——這些煩惱特別容易出現在月經前10天左右。這是因為女性的身體會在排卵後至月經前這段期間，想辦法儲存水分，所以特別容易浮腫，甚至有的人體重會增加2～3kg。

這些身體的變化，就是女性荷爾蒙正常運作的證據。體重增加也是理所當然的。所以這段期間請別量體重，將體重計收到看不見的地方吧。

應對法

2 想吃什麼就吃什麼

GOOD

不小心暴食的話，隔天就吃些好消化的食物，讓努力工作的腸胃休息一下。

NG

一股腦兒大吃特吃的話，不僅會胃脹內心還會充滿罪惡感，所以請各位特別留意。

愈是忍耐 愈容易反彈

排卵後至月經前的食慾增加，也是女性荷爾蒙正常運作所致，所以不用忍耐，想吃什麼就吃什麼。強行忍耐到忍不住的時候才暴飲暴食，反而會對身體造成負面影響。所以想吃甜食的時候，就吃1顆高級巧克力之類，適度滿足心靈需求以度過這段期間吧。

排卵後至月經前不小心吃太多也沒關係！因為月經結束後身體自然會加以調整。月經結束後會釋放抑制食慾的雌激素，進入易瘦的狀態。

應對法 3

藉黑色食材提升代謝

多吃能夠提升代謝的黑色食材吧！

[黑色食材與效果]

【效 果】

- 提升免疫力
- 提升代謝
- 促進血液循環
- 預防暴食

【食 材】

- 黑芝麻
- 鹿尾菜
- 昆布
- 糙米
- 黑糖
- 黑醋
- 黑木耳
- 裙帶菜
- 黑豆
- 全粒粉麵包
- 純蕎麥麵

等等

試著在吃白飯時
撒點黑芝麻，
或是將便利商店的麵包
改成全粒粉麵包
試試看吧！

排卵後至月經前食慾會增加，這段期間請盡量選擇有助於提高身體代謝的食材吧。這邊特別推薦黑芝麻、黑豆等黑色的食材，此外也可以選擇糙米或全粒粉麵包等未經精製的「黑底」食材。

黑色食材含有豐富的膳食纖維，能夠整頓腸道環境。整頓好腸道環境就能夠將營養運輸到身體各處，並且提升身體代謝。

隨著代謝提升，體溫與免疫力也會提升，進而打造出吃了也不易胖的身體。

身體狀態的起伏
05
BODY SWING

水腫

【原因】

排卵後至月經前，身體受到孕酮作用（24頁）的影響，可能會產生明顯的水腫。此外運動量不足、過度攝取鹽分等生活習慣，也會造成水腫。

【應對法】

① 攝取鉀以排除多餘的水分
② 用醋代替鹽巴
③ 健走

【重點】

經前受到女性荷爾蒙的影響，身體會保留比平常更多的水分，每位女性都會有水腫困擾。再加上女性能發揮幫浦作用的肌力較弱，所以也很容易因血液循環不良造成水腫。平常就必須適度運動，避免飲食上攝取過多鹽分。

應對法 1

攝取鉀以排除多餘的水分

建議食用豆類、薯類、海藻類、水果、果乾（無花果）、蔬菜（番茄、小松菜）。

鉀具有利尿作用

覺得身體水腫時，請積極地攝取鉀吧。鉀具有利尿作用，能夠藉由尿液將體內多餘的水分排出體外。

富含鉀的食物包括小松菜、蘋果、香蕉等，此外在砂糖用量較少的前提下，也可以食用紅豆甜點。

鉀很容易溶於水，所以可以生吃的食物就直接生吃，要調理的話建議用煎、蒸或微波加熱。

應對法

2

用醋代替鹽巴

減少鹽巴與醬油用量 用醋消除水腫！

我們的餐桌上經常滿是高鹽分食品，鹽分具有將水分留在體內的性質，也可能會間接造成水腫，所以要避免過度攝取鹽分。

這裡要推薦的是用「醋」代替鹽巴、醬油的減鹽法。例如用米醋煎魚，以義大利香醋代替醬料淋在嫩煎肉上，此外用穀物醋醃漬蔬菜做成泡菜的話，就不必搭配淋醬了。

醋也有助於整頓我們的腸道環境，能在減鹽之餘達到提升代謝的效果。

[適合搭配醋的食材？]

運用醋（米醋、穀物醋）或義大利香醋等，就能減少鹽與醬油的用量並兼顧美味！

MINI COLUMN

1碗拉麵含有1整天的鹽分

日本厚生勞動省建議女性1天的鹽分攝取量為6.5g，這幾乎等同於將一碗拉麵連湯一起喝乾淨的鹽分攝取量。調味料、加工食品、麵包等也暗藏大量鹽分，因此現代人不知不覺間就會攝取過多鹽分。

應對法 3

健走

GOOD

速度控制在和旁邊的人說話時有點吃力的程度即可，能夠達到微喘的程度更好！

1天30分鐘最理想，剛開始先從每週3天左右開始嘗試也可以。持之以恆是很重要的，所以請找出不會太過勉強的步調。

提升代謝以改善水腫

因運動不足造成肌力變差時，血液循環就會變差，導致代謝也跟著下降。代謝能力下降，水分就更難排出體外，容易造成臉部與四肢水腫。

眾多運動中最容易開始的當屬健走，只要以稍微會喘的步調進行即可，路線途中搭配點階梯或坡道等會更好。1天健走30分鐘最為理想，切成10分鐘×3次也無妨。僅是下班後在回家路上走1站的距離也好，請一步一腳印地每天持續下去。

皮膚乾燥

【原因】

皮膚乾燥與雌激素的減少有很大的關係，雌激素能夠促進膠原蛋白合成，加強皮膚的新陳代謝。雌激素減少後，膠原蛋白的合成量就會變少，導致皮膚失去彈性、變得粗糙。

【應對法】

① 無論睡覺還是清醒時都要貫徹保濕

② 留意身體缺水的問題

③ 藉精油修復皮膚

【重點】

皮膚乾燥時，就要從身體的內側、外側雙管齊下多加滋潤，平常要確實補充水分，洗臉後也要做好保濕。在選購化妝水時，建議選擇大量使用也不心疼的產品。

應對法 1

無論睡覺還是清醒時都要貫徹保濕

[保濕的關鍵]

GOOD

使用充足的化妝水。相較於購買昂貴商品一次只敢使用少許，不如選擇捨得大量使用的平價商品來進行保養。

關鍵 1 溫柔地清洗

關鍵 2 洗完立刻保濕

關鍵 3 使用大量的化妝水

趁年輕時做好皮膚的保濕

年輕時的皮脂分泌活絡，容易讓人誤以為是油性肌而疏於保養。但是有時皮膚其實是處於「內乾外油」的缺水狀態當中。

此外請別忘了，膚況的轉折點會來得比想像中還要早。女性荷爾蒙之一的雌激素會在20多歲迎來顛峰，之後皮膚就會逐漸乾燥。

所以請藉由添加了神經醯胺與玻尿酸等成分的化妝水，確實做好保濕吧！此外也很推薦在泡澡時敷面膜保養。

應對法 2

留意身體缺水的問題

[深層乾燥的機制]

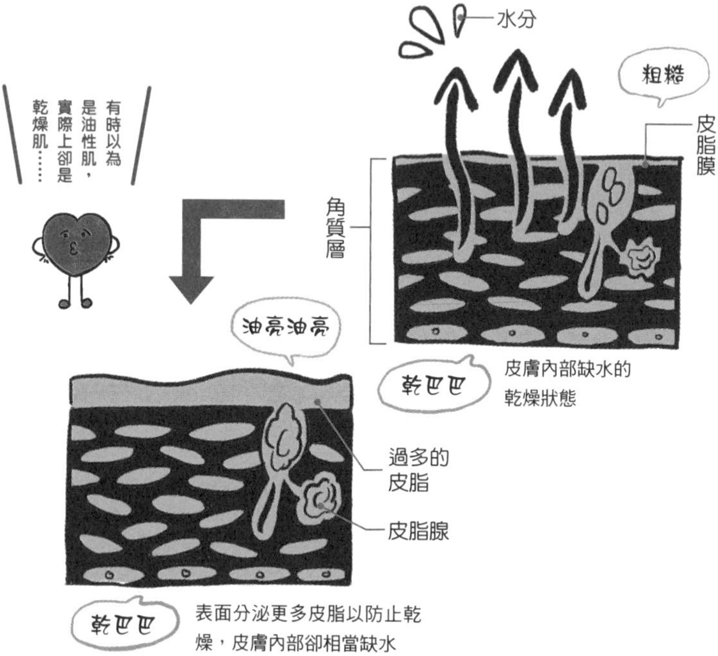
有時以為是油性肌，實際上卻是乾燥肌……
水分
粗糙
皮脂膜
角質層
乾巴巴
皮膚內部缺水的乾燥狀態
油亮油亮
過多的皮脂
皮脂腺
乾巴巴
表面分泌更多皮脂以防止乾燥，皮膚內部卻相當缺水

確實飲水促進血液循環有助於調整膚況

體內的水分不足是皮膚乾燥的原因之一，因為皮膚細胞中有60％都由水分組成，而且要製造出將營養輸送到皮膚細胞的血液時，水分也是必要成分之一。

人體內的水分不足時，血液會變得濃稠，妨礙皮膚的新陳代謝。

人體1天必須攝取的水量為1.5～2ℓ，其中有一半會透過日常飲食攝取，所以每天只要想辦法再喝下1ℓ左右的水即可。嘴唇或眼睛乾燥時，請視為該補充水分的警訊。

應對法 3

藉精油修復皮膚

[美肌芳香精油]

花梨木精油

香氣有如玫瑰的精油，主成分芳樟醇能活化皮膚細胞。

天竺葵精油

整頓皮脂均衡，賦予皮膚滋潤，是很重要的凍齡精油。

橙花精油

原料是苦橙花的精油，除了可促進皮膚新陳代謝之外，還具有讓皮膚緊實的效果。

玫瑰草精油

印度傳統醫學阿育吠陀自古使用的精油，能夠整頓皮脂與水分之間的平衡。

薰衣草精油

具抗炎症、消毒作用，可使乾燥受傷的皮膚復原。

藉修復皮膚的香氣保養臉部

皮膚乾燥受損時，不妨試著運用芳香精油，提高細胞的修復作用與保濕效果。

可望提高細胞修復作用的有薰衣草精油、橙花精油、天竺葵精油等。

具有保濕效果的則有花梨木精油、橙花精油、玫瑰草精油等。

首先用臉盆裝好熱水，滴1～3滴精油拌勻後，再用蒸氣蒸臉（閉上眼睛）即可，這時透過鼻腔吸入香氣，還能同時放鬆心靈。

身體狀態的起伏
07
BODY SWING

皺紋、鬆弛

【原因】

年輕人的皺紋，多半源自於紫外線、壓力、疲勞、經期的雌激素減少等原因（23頁），40歲起皮膚的皺紋與鬆弛問題一口氣大增，則是女性荷爾蒙分泌量逐漸減少的老化現象。

【應對法】

① 嚴防紫外線侵襲

【重點】

30歲前初期老化造成的乾燥皺紋，還能夠藉由保濕改善，40歲起的皺紋就是不折不扣的歲月痕跡了。所以為了多少延遲皮膚的老化速度，請養成隔絕紫外線的習慣。

\應對法/

1 嚴防紫外線侵襲

GOOD

無論身在何處都要透過拉上蕾絲窗簾、撐陽傘、戴墨鏡等方式隔絕紫外線。

NG

即使是寒冬，只要有陽光就有紫外線，不能因天氣或氣溫就大意，仍須做好防曬措施！

紫外線造成的活性氧對皮膚不好

沐浴在紫外線中的皮膚會產生活性氧※，活性氧會傷害皮膚細胞，造成皺紋與黑斑等皮膚問題。目前已知壓力與疲勞也都會增加活性氧。

即使皮膚沒有直接照射到紫外線，只要眼睛接收到紫外線，腦部就會產生反應，下達製造黑斑的指令。所以外出時請透過防曬產品＋墨鏡徹底隔絕紫外線吧！即使待在室內，只要有對外窗就會有紫外線入侵，所以建議一定要拉上窗簾＋做好防曬準備。

※殺死體內細菌或病毒的氧分子，增加過度的話也會攻擊並破壞體內正常的細胞。

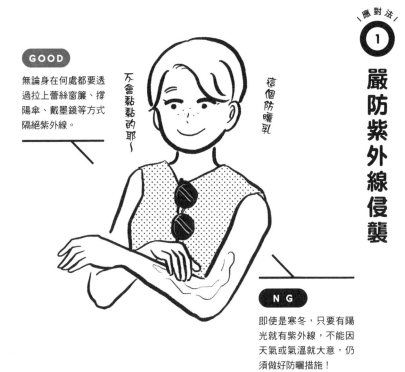

身體狀態的起伏

08

BODY SWING

頭髮毛躁

【原因】

頭髮毛躁的一大原因就是紫外線。儘管頭髮是最容易受紫外線傷害的部位，卻幾乎沒有人做頭髮的防護。紫外線會破壞頭髮的角質層，讓頭髮更容易變得毛躁。

【應對法】

① 正確使用吹風機

② 攝取頭髮生長所需的營養

③ 按摩頭皮以促進血液循環

【重點】

美麗的秀髮堪稱是女性特質的象徵，頭髮有明顯的損傷與毛躁時，就必須加以保養。平常只要留意吹風機的使用方式，再多注意飲食，就能夠擁有一頭美麗的秀髮。

應對法 1

正確使用吹風機

NG

要避免將吹風機過度接近頭皮，也要避免集中吹同一個位置。

GOOD

先用毛巾確實擦乾髮根，就可以縮短用吹風機吹乾頭髮的時間！

吹風機的技巧是短、遠、吹整體

洗完澡後隨便吹乾頭髮，是造成頭髮損傷、毛躁的原因之一。吹風機過度貼近會讓頭髮因為磨擦而損傷，沒完全吹乾則會造成雜菌繁殖、頭皮發癢，甚至會產生異味……想要避免頭髮相關的問題，就應該用適當的方式確實吹乾。

所以洗好頭髮後，請先以毛巾確實擦乾，再將吹風機距離頭髮30公分，以溫風吹所有頭髮，吹乾到一定程度後再以冷風吹到全乾，就能夠防止溫度過高。

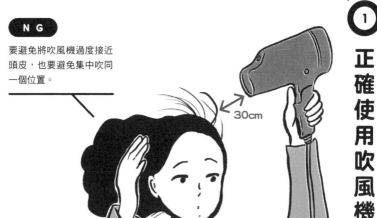

應對法 2

攝取頭髮生長所需的營養

[必要的3種營養素]

蛋白質	礦物質	維生素
●肉類 ●魚類 ●蛋 ●乳製品	●貝類 ●海藻類 ●堅果類 ●豆類	●薯類 ●水果 ●黃綠色蔬菜 ●糙米

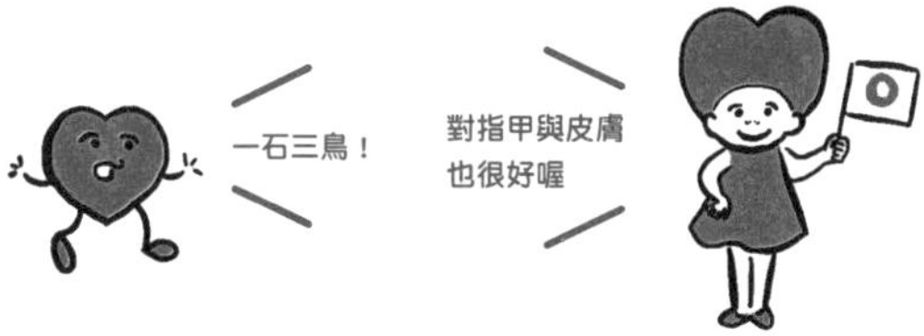

高蛋白飲食 能夠賦予秀髮營養

頭髮的主成分為角蛋白，角蛋白是蛋白質的一種，不足時頭髮會毛躁並失去光澤，此外頭髮長得比較慢時，也可能是角蛋白不足。

所以請藉由肉類、魚類、蛋等富含蛋白質的飲食，來維持美麗的秀髮吧。但是光吃蛋白質是不行的，還必須同時攝取礦物質、維生素，才能夠將蛋白質轉換成角蛋白。所以正餐一定要吃肉類或魚類，零食則可以搭配堅果等。

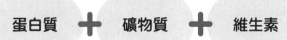

應對法 3

按摩頭皮以促進血液循環

用10根手指的指腹抓住頭皮輕揉，力道可大到頭皮滑動的程度。

MINI COLUMN

染髮要挑在月經結束後比較好？

經前與經期時的皮膚特別敏感，皮膚容易因為染髮劑而發炎，所以不適合染髮。月經結束後皮膚的屏障功能較佳，要染髮可以挑在這個時候。

頭皮的血液循環是頭髮的生命線

地基夠穩固的話，建造在其上的建築物也會穩固。頭皮健康的話，自然就能夠保有頭髮的彈性、光澤與堅韌。

頭髮無精打采時，多半是因為頭皮的血液循環不佳，因此請藉由頭皮按摩來促進血液循環吧。

首先用雙手的10根手指牢牢抓住頭皮，讓頭皮前後左右移動，這裡要使用指腹給予刺激，而非使用指甲。挑在頭皮變得最柔軟的沐浴時進行會更有效果。

身體狀態的起伏 09 BODY SWING

皮膚粗糙、痤瘡

【原因】

排卵後至月經前，皮脂分泌會變得旺盛，特別容易長痤瘡（23頁）。此外壓力也是造成皮膚問題的一大原因。因為承受壓力會活化男性荷爾蒙，導致皮脂過度分泌。

【應對法】

① 減少動物性脂肪的攝取
② 攝取美麗的好幫手「維生素」
③ 藉發酵食品打造由內而外的美肌

【重點】

痤瘡的照護方式會隨著看診的科別不同而異。皮膚科通常會開立維生素或抗生素，但是婦產科能夠利用低劑量避孕藥（150頁）改善荷爾蒙平衡，從根本治療。

應對法 1

減少動物性脂肪的攝取

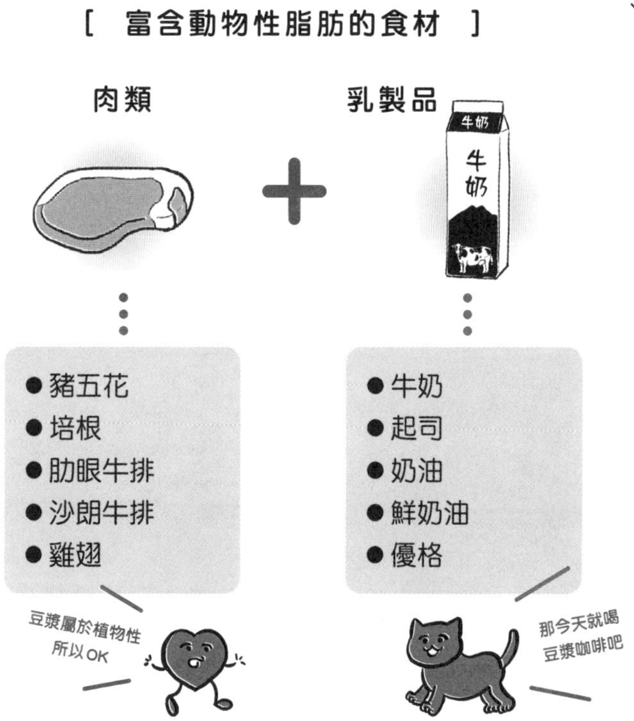
[富含動物性脂肪的食材]
肉類
乳製品
牛奶
●豬五花
●培根
●肋眼牛排
●沙朗牛排
●雞翅
●牛奶
●起司
●奶油
●鮮奶油
●優格
豆漿屬於植物性
所以OK
那今天就喝
豆漿咖啡吧

過度攝取動物性脂肪會長痘痘

排卵後至月經前會大量分泌孕酮，造成皮脂分泌旺盛，皮膚容易油膩。有些人還會毛孔堵塞，就連大人也容易有痘（痤瘡）等問題。

所以這段時期要稍微克制肉類與乳製品等動物性脂肪的攝取，肋眼牛排、沙朗牛排、豬五花、牛奶、起司、奶油、鮮奶油等都是富含動物性脂肪的食品。

下一頁將介紹富含維生素的食材與發酵食品，這段時期請積極攝取這類食物吧。

應對法 2

攝取美麗的好幫手「維生素」

[建議攝取的維生素]

維生素C	維生素B群
甜椒	糙米
奇異果	豬肉
青花菜	納豆
油菜花	乳製品
草莓	肝臟

難以攝取的話
也可以用
保健食品補充！

要刻意
攝取這些
真辛苦……

維生素B群與C 可有效促進皮膚代謝

經常飲酒或是食用方便食品的人，很容易有維生素攝取不足的問題。

維生素是幫助皮膚新陳代謝的重要營養素。所以覺得皮膚粗糙時，請多留意維生素的攝取。

當季的蔬菜與水果富含維生素B群，能夠控制皮脂的分泌、促進皮膚的再生功能。維生素C則有助於膠原蛋白的生成，兩者一起攝取的話效果會更好。

應對法 3

藉發酵食品打造由內而外的美肌

MISO
零食吃點優格跟起司，三餐再加點納豆與味噌湯的話，感覺很不錯呢

只要腸道環境好 皮膚也會變好

通往美肌的捷徑就是整頓腸道環境。腸道環境好的話，就能夠確實吸收營養，將營養運輸到身體各個角落，並促進皮膚的新陳代謝。

強化腸道環境的食物包括納豆、味噌、甘酒、優格、起司等發酵食品。這些食品的乳酸菌能夠讓腸道的好菌精神奕奕，改善便祕、皮膚粗糙、痤瘡等問題，此外還可以提高排毒效果，因此同樣適合減肥期間食用。

身體狀態的起伏
10
BODY SWING

食慾不振

【原因】

經期身體容易冰冷，腸胃機能也會停滯，所以有些人這段期間會食慾不振。但是仍應確認消化系統與甲狀腺是否生病，也要考慮到是否有煩心的事、壓力等精神層面的影響。

【應對法】

① 選擇好消化的食物

【重點】

有的人經前食慾會變好，有的人則會變差，情況相當兩極。若是經前～經期食慾變差，但是月經結束後會恢復食慾的話，就是女性荷爾蒙造成的起伏變化，不必太過擔心。

應對法 1

選擇好消化的食物

GOOD
試著用烏龍麵或粥搭配切過的裙帶菜、鮪魚、水煮雞肉等！
只喝湯也沒關係喔
NG
藉由酸的或辛辣的料理促進食慾，只有在夏季倦怠時才有效。

沒有食慾時不必勉強進食

沒有食慾時沒有必要勉強自己進食，世界上沒有「每天必須吃滿3餐」這種規則，請靜待自己的胃開始渴望食物的時刻吧。不過，可別忘了補充水分。

真的必須進食時，可以選擇好消化的食物。例如以烏龍麵或粥為主，再搭配雞蛋、水煮雞肉等蛋白質。

交感神經過度運作也會造成食慾不振，所以請盡量讓自己放鬆身心吧。

頭痛

【原因】

長時間使用電腦之類會使眼睛、頸部一帶的肌肉緊繃，血液循環不良就會引發頭痛。在血清素急遽減少的經前至經期，頭部也會出現抽痛型的疼痛（23頁）。

【應對法】

① 靜養並避開光線、氣味、聲音等刺激

② 鬆開僵硬的肌肉

【重點】

頭痛的種類五花八門，有些必須求助專科醫師的診斷才行。如果是突然劇烈頭痛，或是伴隨著麻痺、發燒等症狀時，請儘快就醫。若是輕微的頭痛也可以適度搭配止痛藥。

妳的頭痛是哪一種呢？

女性常見的頭痛有偏頭痛與緊張性頭痛這2種。
應對法也會依頭痛類型而異。
所以請先找出妳所困擾的頭痛是哪一種吧。

- ☐ 整顆頭像被綁住一樣痛
- ☐ 頭痛的同時還有眼睛疲勞或全身倦怠
- ☐ 後腦杓與頸部間有壓迫感
- ☐ 溫暖身體後會放鬆點
- ☐ 動起來可減輕疼痛

↓

緊張性頭痛

→ 至P.79

- ☐ 太陽穴至眼睛一帶彷彿血管在跳般抽痛
- ☐ 頭痛的同時會想吐、胃不舒服
- ☐ 頭痛的同時會對光線與聲音感到敏感
- ☐ 冷卻身體後會放鬆點
- ☐ 動起來會導致疼痛惡化

↓

偏頭痛

→ 至P.78

應對法 1

靜養並避開光線、氣味、聲音等刺激

GOOD

避開光線、氣味、聲音等刺激，身體也盡量保持靜止。此外也要留意溫差。

NG

洗澡會造成血管擴張，導致偏頭痛惡化。同理可證，偏頭痛時也應該避免促進血液循環的按摩與酒精攝取！

各種外來刺激會導致抽痛加劇

由於某種因素造成腦部的血管擴張，壓迫到周遭神經時就會引發偏頭痛。女性在血清素急遽減少導致血管擴張的經前至經期，特別容易出現偏頭痛的症狀。

偏頭痛的特徵是從太陽穴至眼睛一帶彷彿血管在跳般抽痛。且通常會在光線或聲音等外來刺激下加劇，因此請在昏暗安靜的場所休息。

此外鎂與維生素B_2攝取不足，也很容易導致偏頭痛，所以不妨多吃鹿尾菜、黑豆、肝臟與雞蛋等。

應對法 2

鬆開僵硬的肌肉

邊吸氣邊向上舉起雙臂，接著邊「哈！」地吐氣邊將手臂彎曲90度下拉。進行20次×2組。

主因是手機等造成的眼睛與肩膀疲勞

由於運動量不足或是壓力造成肌肉緊繃、血液循環不良時，就會引發緊張性頭痛。這是長時間使用手機或電腦等，使眼睛、頸部、肩膀疲倦時造成的「3C型頭痛」。

想要減緩緊張性頭痛，最好的方法就是鬆開緊繃僵硬的肌肉。所以請做點伸展運動或體操，動動上半身吧。

此外也可以藉由洗澡或按摩等溫暖身體，促進頭頸部的血液循環。邊泡澡邊按摩頭皮（69頁）也是不錯的選擇。

身體狀態的起伏

12

BODY SWING

肩頸痠痛

【原因】

長時間滑手機或用電腦，或者是一直重複相同的動作，很容易造成慢性的肩頸痠痛。因為姿勢與動作缺乏變化時，會使特定的肌肉僵硬，導致血液循環不良。

【應對法】

① 重新檢視身體的壞習慣

② 攝取促進血液循環的食材

③ 做點動動手腳的體操

【重點】

翹腳、托腮等身體的壞習慣或姿勢不良，也會導致肩頸僵硬。而血液循環容易變差的經期，也有許多人會覺得肩膀痠痛。所以請留意別持續相同姿勢太久，要適度動一動身體。

應對法 1

重新檢視身體的壞習慣

NG
是否都用同一隻手滑手機，或用同一側的肩膀揹包包呢？
NG
是否總是以手肘撐在桌上、抱胸或翹腳，無意識地做出同樣的動作呢？

肩頸痠痛往往源自於壞習慣！

這裡指的「痠痛」，簡單來說就是肌肉緊繃僵硬，造成血液循環不良的狀態。

總是維持相同的姿勢，就會一直拉扯特定的肌肉，其他的肌肉則會維持縮起的狀態，導致血流停滯，肌肉便容易痠痛僵硬。

長時間滑手機、總是用同一邊肩膀揹包包、翹腳工作、托腮等……。

矯正這些壞習慣，有助於改善慢性的肩頸痠痛。

應對法

2

攝取促進血液循環的食材

[簡單！水煮整顆洋蔥]

材料

- 洋蔥……1顆
- 水……300㎖
- 法式清湯高湯塊……1塊

製作方法

1. 洋蔥剝皮後用保鮮膜包起，放進微波爐（600W）加熱5分鐘。
2. 將水與高湯塊放入鍋中，煮沸後放入洋蔥煮3分鐘。
3. 還可依喜好添加培根。

藉由香料蔬菜 促進血液循環、擊退痠痛

身體容易冰冷的人，也有肩頸痠痛較嚴重的傾向。

因此同時有肩頸痠痛的症狀，與手腳、身體冰冷問題的人，不妨吃點促進血液循環的食材，改善肌肉僵硬吧。

能夠有效促進血液循環的食材，包括洋蔥、薑、大蒜、蔥等香料蔬菜，以及富含維生素E的黃綠色蔬菜（南瓜、青花菜、小松菜等）。這裡特別推薦的是兼具清血功效的洋蔥料理，請務必試試。

應對法 3

做點動動手腳的體操

GOOD

就算只是扭扭腰、伸展手臂也OK！請以1小時1次的頻率動動身體，順便轉換一下心情吧。

坐在椅子上伸出四肢，並晃動20秒。如此一來就能促進手腕與腳踝的血液循環讓身體變暖。

1小時要起來動1次身體！

人在睡眠時會翻身20～30次，以分散施加在肌肉上的壓力，避免血液循環不良。這是出自於「不可以一直維持相同姿勢」的本能。

維持相同的姿勢好幾個小時，別說肩頸痠痛了，嚴重時可能會造成靜脈出現血栓的經濟艙症候群。

專注力一次大概僅能維持1小時，坐辦公室的人不妨以此為界線，每小時起來動動身體促進血液循環吧。就算只是伸展一下或扭扭腰，也能獲得不錯的效果。

I身體狀態的起伏I

13

BODY SWING

便祕、腹脹

【原因】

便祕的原因五花八門，飲食習慣、疲勞、壓力、運動量不足、睡眠不足、身體冰冷等都可能造成，尤其是排卵後至月經前特別容易便祕，因為孕酮的分泌量增加，減弱了腸道的蠕動※。

【應對法】

① 1天攝取1次油分

② 用發酵食品＋膳食纖維增加好菌

③ 用排氣姿勢緩解腹脹

④ 藉由改善便祕的按摩將宿便按出來

【重點】

只要改善生活習慣，就可以解決大部分的便祕。若使用解便祕的藥物，則選擇不易對身體造成負擔的藥物。此外，因為減肥等過度減少食量，也可能難以感受到便意，必須特別留意。

※在腸內移動消化過的食物，或是將糞便排出體外的運作。

應對法
1

1天攝取1次油分

GOOD
在日本的橄欖名產地小豆島，會在味噌湯或優格等淋一些橄欖油！
試著在早晨的熱咖啡中添加1大匙的椰子油或橄欖油吧。

利用油分來潤滑腸道

雖然經常聽到有人說要大量飲水來改善便祕，但是從醫學角度來看其實很奇怪。當然適度地補充水分是必要的，但是攝取油分潤滑腸內，比較有助於改善便祕問題。

橄欖油中的油酸不易被小腸吸收，能夠到達大腸促進排便。椰子油的月桂酸則有助於對抗腸內壞菌。

但是也要注意熱量過高的問題，1天請以1～2大匙的量為限。

應對法

2 用發酵食品＋膳食纖維增加好菌

[增加好菌的食材]

膳食纖維	＋	發酵食品
●穀類（糙米、麥等） ●根莖類蔬菜 ●菇類 ●海藻類 ●豆類		●優格 ●起司 ●米糠醃漬物 ●泡菜 ●味噌 ●納豆

味噌湯好像
也很適合搭配
根莖類蔬菜

兩者搭配食用
可以提高
好菌的作用喔

增加好菌量
打造不便祕的生活

無論是富含好菌（乳酸菌、比菲德氏菌、麴菌等）的發酵食品，還是富含膳食纖維能培養好菌的食材，都可以有效改善便祕，但這些食材卻很容易攝取不足。

利用大豆發酵食品、乳製品、醃漬物等積極攝取好菌，再藉由根莖類蔬菜、海藻等補充膳食纖維，給予腸內的好菌營養，幫助繁殖……透過這樣的「養菌」工作改善腸內細菌平衡，使好菌占上風，就能夠活化腸道蠕動，自然而然感受到便意。

應對法 3

用排氣姿勢緩解腹脹

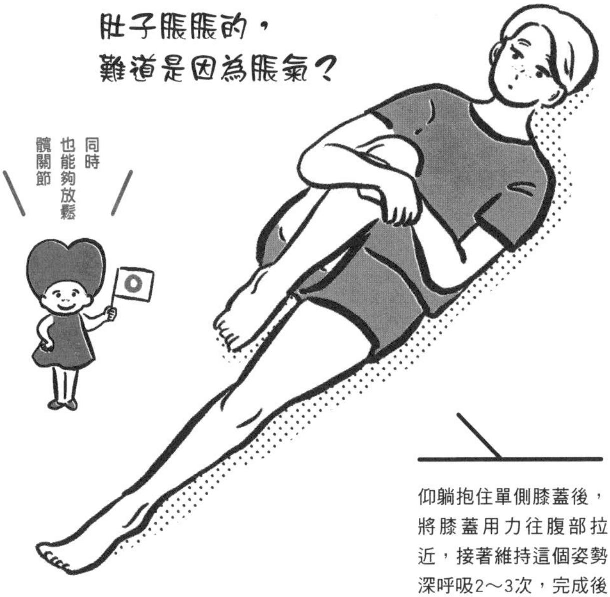
肚子脹脹的，
難道是因為脹氣？
同時也能夠放鬆髖關節

仰躺抱住單側膝蓋後，將膝蓋用力往腹部拉近，接著維持這個姿勢深呼吸2～3次，完成後再換另一隻腳。

腹脹時 吃大豆比吃肉有效

明明沒有便祕，卻覺得肚子脹脹的不舒服……這時可能是腸道內的壞菌增生，產生氣體所致。

攝取過多肉類或是蛋類等動物性蛋白質，會導致壞菌增加，但是同屬蛋白質的納豆或豆腐等植物性蛋白質就不易產生氣體，所以這時請少吃點肉類，多吃大豆製品吧。

累積在腸道的氣體，則可以藉由排氣姿勢改善。這個姿勢能夠刺激腸道，所以同樣可望改善便祕。

應對法

4

藉由改善便祕的按摩 將宿便按出來

❶ **按壓側腹**

輕柔按壓兩側的側腹揉開（5～10次）。

❷ **抓住側腹**

雙手抓住側腹揉開（10次）。

按摩腸道 促進腸道蠕動

若是迫不及待想要腸道暢通時，就試著藉由按摩促進大腸的蠕動吧。

首先輕柔地按壓、揉捏、抓揉側腹，因為側腹有「帶脈穴」能有效對付便祕問題。

接著將掌心貼在肚臍周邊和大腸的乙狀結腸所在的左下腹，慢慢地揉動，想像將宿便送往直腸。這裡的力道要比摩擦大一點，就像隔著肚皮按摩腸道一樣。若途中感到疼痛的話，請立即停止。

❸ 順時針
按壓腹部

雙手貼在腹部，以肚臍為中心順時鐘滑動（轉5次）。

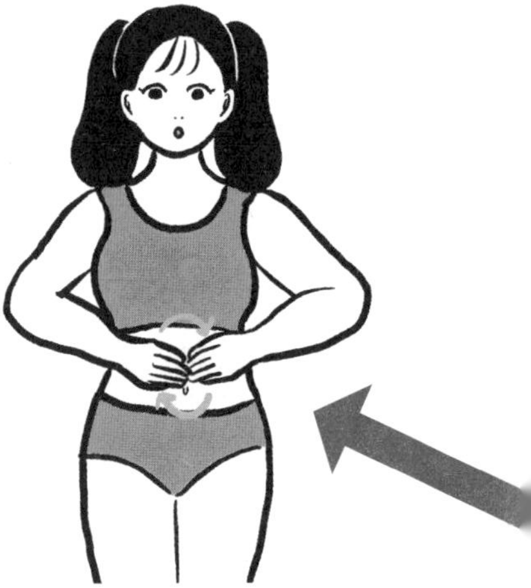

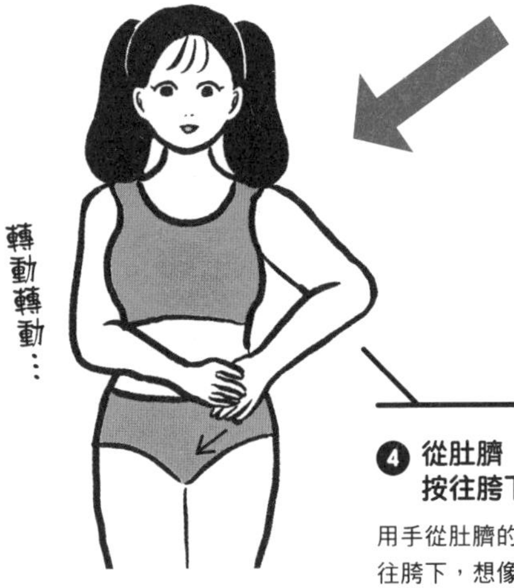
轉動轉動……

❹ 從肚臍
按往胯下

用手從肚臍的左下輕緩按往胯下，想像沿著腸道壓出宿便一樣（2～3次）。

邊深呼吸
邊緩慢地刺激腸道。
腹部會脹痛時
請不要按摩喔

腰痛

【原因】

由於姿勢不良或是長時間維持相同的姿勢，對腰部造成負擔所致。此外運動不足、身體冰冷所造成的血液循環不良也會招致腰痛。而女性荷爾蒙起伏造成的症狀之一也有腰痛。

【應對法】

① 藉祛寒食材對抗腰痛

② 放鬆腰間的肌肉

【重點】

首先確認是否為身體冰冷或肌肉僵硬造成的腰痛，此外也應該考慮是否為子宮、卵巢或腎臟相關疾病等所造成的。如果已經藉由運動與飲食促進血液循環還無法減輕腰痛的話，請至婦產科等診所就診。

應對法 1

藉祛寒食材對抗腰痛

這裡推薦南瓜、發酵食品、鮭魚與糙米等，鮭魚含有EPA※、糙米則富含可幫助代謝的維生素B群，以及有助於促進血液循環的維生素E等。

※Eicosapentaenoic acid的縮寫。是青背魚富含的成分，具清血作用。

藉「陽性」食材改善身體冰冷造成的腰痛

東洋醫學將能夠溫暖身體的食材當作「陽性」，冷卻身體的當作「陰性」，雖然也有例外，但是具備生長於土中、暖色系（紅、橙、黃）、圓形、水分較少、發酵等特徵的食材就會被歸類於陽性。

體溫會降低的經期，也容易因為身體冰冷導致腰痛，所以請藉由陽性的食材來溫暖身體吧。

咖啡因、夏季蔬菜、南國水果等則屬於陰性食材，會冷卻身體，所以這段時期最好避免食用。

＼應對法／
❷
放鬆腰間的肌肉

[寶特瓶深蹲]

GOOD

最好以每天20次×2組的頻率維持！

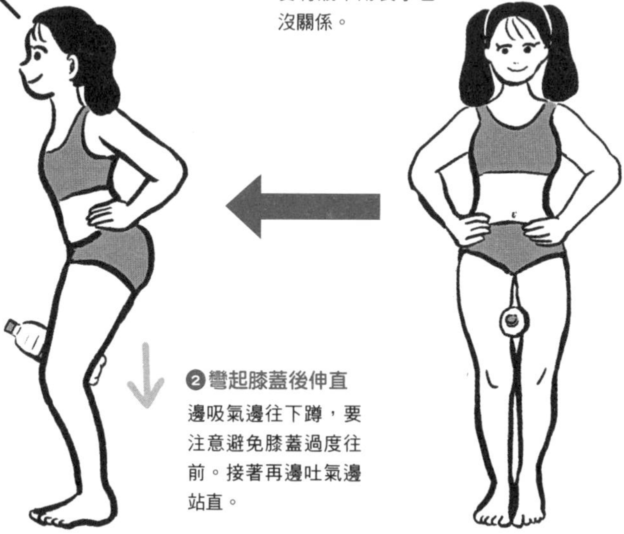

❶ **大腿夾住寶特瓶**

雙手叉腰站好，用大腿夾住寶特瓶。寶特瓶不用裝水也沒關係。

❷ **彎起膝蓋後伸直**

邊吸氣邊往下蹲，要注意避免膝蓋過度往前。接著再邊吐氣邊站直。

每天適度鍛鍊肌肉 維持優美姿勢

請試著貼牆站立，並讓雙腳的後腳跟併攏。這時妳的後腦杓、肩胛骨與臀部能否自然地碰到牆壁呢？碰不到的人，可能代表站姿不正確。

姿勢不正確是百病之源，所以請透過每天簡單的運動&伸展操，找回正確的姿勢吧。

深蹲能夠有效鍛鍊與骨盆相接的大腿肌肉，強化支撐身體的軀幹。

腰部肌肉僵硬時，可以藉「貓式」伸展並舒緩肌肉，減輕腰部的負擔。

[用貓式伸展]

GOOD

養成1小時動1次腰部的習慣！

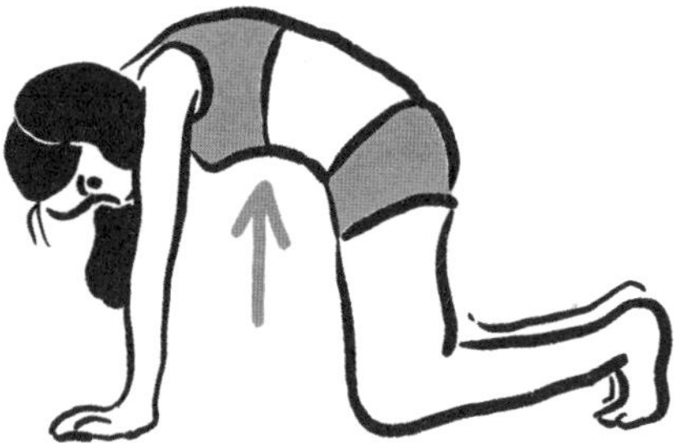

以打開
肩胛骨的感覺
用力壓向地面

❶弓起背部

雙手與雙膝著地，邊吸氣邊像貓咪一樣拱起背部。

試著感覺
背部與腰部的
伸展！

❷反折

臉部朝向天花板，邊吐氣邊反折背部。若很痛時請勿勉強。

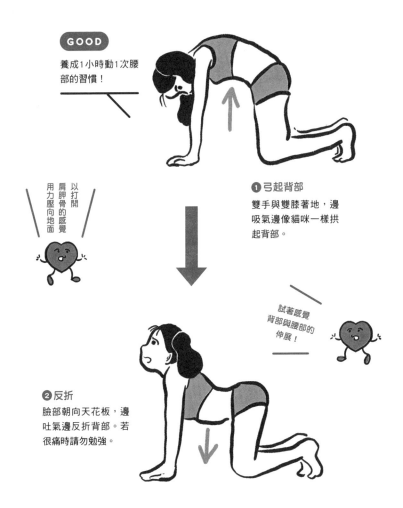

中醫體驗記

LET'S TRY!

中醫會做什麼樣的檢查呢？這就讓滿懷疑問的
中醫初體驗者保奈美小姐，代替各位體驗一下！

體驗者
保奈美小姐

我的經前症候群（PMS）年年惡化，所以就試著找中醫內科諮詢。醫師說中藥可以針對PMS的各個症狀加以應對，並依照我的體質與身體狀況開立藥方，喝了幾個月後果真慢慢改善了。剛開始半信半疑的我，已經實際感受到症狀漸漸緩和下來。

CHECK

【喝了什麼藥方？】

加味逍遙散

適用於因壓力而疲憊不已的身心，能夠促進血液循環，也能緩和月經不順、眩暈與頭痛等症狀。

【服藥期間】

1個月

醫師調配了1天3次的分量，在飯前或三餐之間配溫水服用。據說空腹服用有助於提高生藥的效果。

中醫會以「四診」探索原因

【花了多少錢？】

每月2000日圓左右（保險適用）

【四診】

● **望診**
觀察體型、姿勢、走路方式、臉色、皮膚與舌頭狀態等外觀。

● **聞診**
確認聲音狀況、是否有體味或口臭、咳嗽等症狀。

● **問診**
詢問症狀、食慾、生活習慣等。

● **切診**
藉由觸診確認脈搏速度、腹脹程度等。

EPISODE.03

心理狀態的起伏

最近完全沒有心動的感覺呢。
我懂～
但是又到了留戀體溫的季節了不是嗎？
啊～確實如此。
要不要養隻貓呢～
養貓是個好點子呢！
養貓好哇！
妳是？
據說和動物接觸，會促進催產素分泌喔。
大姊！
她從以前開始只要一學習就停不下來。
妳好～
妳姊姊？

女性荷爾蒙的波動與心理狀態起伏的關聯性

心情隨著女性荷爾蒙的波動起伏，就像在搭雲霄飛車一樣

女性荷爾蒙的最大任務，就是「保存種子並繁衍後代」。為了增加後代的數量，不僅控制了身體的機能，連心靈都不放過。

雌激素會讓內心變得樂觀，並打開對異性心動的開關！孕酮則會讓內心謹慎，提高防護能力以準備懷孕。

這2種荷爾蒙會週期性地增減，造成心理狀態的起伏。每個時期都有各自的特徵：月經結束後雌激素會增加，想法會變得積極；排卵後孕酮開始增加，心情會平穩下來；荷爾蒙變動劇烈的經前會開始浮躁；經期時則會特別憂鬱。

如果是荷爾蒙造成的心理起伏
就順其自然用自己的方式度過吧

月經前女性荷爾蒙的分泌量變動特別大，因此這個時期內心也會特別不平穩。像是變得非常煩躁、陷入自我厭惡、容易感到孤單……內心很容易就會轉換成負面情緒。

不過月經結束之後雌激素開始增加的話，內心又會若無其事地慢慢恢復晴朗。雖然內心會被生理週期牽著鼻子走，但是請不要強行違逆，將其視為正視自己內心的好機會吧。

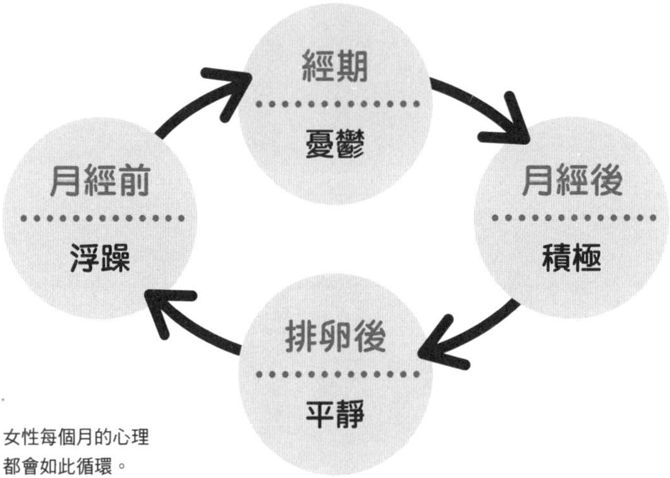

女性每個月的心理都會如此循環。

心理狀態的起伏

01

MIND SWING

沒有幹勁

【原因】

排卵後至月經前缺乏幹勁是正常的，這段期間本來就是要讓身心休息以準備懷孕，所以會藉由荷爾蒙的作用，阻止女性奮力工作或是大玩特玩導致身體累壞。

【應對法】

① 坦率面對自己的情緒

② 為生活增添香氣

③ 藉由刷牙讓頭腦更清醒！

【重點】

請別在缺乏幹勁的時候逼迫自己「必須努力！」。若能找到適合自己的提升幹勁法，遇到非做不可的事情時就會方便許多。

應對法
1
坦率面對自己的情緒

NG
缺乏幹勁的時候嚴禁勉強自己！等恢復精神再想辦法挽回即可。

坦率接受內心的休息訊號吧

月經前容易沒精神，是因為女性荷爾蒙進入「防守」模式的關係。無精打采是為了促使女性保重身體，做好懷孕的準備。

這時候就坦率接受內心的休息訊號，不要強逼自己動起來了。

平常可以俐落完成的事，在這段期間會變得拖拖拉拉，甚至有倦怠感，連自己都看不下去，但是等精神恢復後再加倍努力就行了！請將這段期間視為充電期，好好讓自己休息一下吧。

應對法

2

為生活增添香氣

檸檬

清爽鮮明的香氣，有助於提高專注力與記憶力。

辣薄荷

略刺鼻的香氣會刺激交感神經，讓身心都暢快許多。

葡萄柚

充滿滋潤感的香氣，能緩解不安與緊張，讓心靈更正向。

迷迭香

具清涼感的香草氣息，能夠療癒心靈，讓人更加開朗樂觀。

香檸檬

甘甜清爽的香氣，能夠鎮定壓力，緩解不安。

藉由提振心情的精油度過難關

缺乏幹勁時最好的方法，就是不要勉強自己、好好休息一下。但是總會有必須努力的時候……這時就借助芳香精油的力量，稍微讓交感神經優先運作吧。

這裡推薦的是香氣清爽的薄荷或柑橘類等，只要滴幾滴在手巾或手帕上，外出時就能夠伴隨著香氣。

想要為室內增添香氣時，可以倒一杯熱水滴數滴精油，或者是準備擴香用品讓香味擴散開來。

應對法 3

藉由刷牙讓頭腦更清醒！

GOOD

想要立刻振奮精神的話，就用薄荷味的牙膏刷牙吧。

關鍵在於讓交感神經優先運作

缺乏幹勁＝副交感神經（休息的神經）正處於優先運作的狀態，所以無論如何必須提起幹勁時，就要想辦法將副交感神經切換成交感神經（鬥爭的神經）。

能夠迅速提高交感神經運作的方法之一就是「刷牙」。牙膏中的薄荷成分有助於提振精神。

另一方面，睡前刷牙也像是刻意提高交感神經運作，因此希望睡得香甜時，不妨在晚餐後就立刻刷牙。

心理狀態的起伏 02 MIND SWING

煩躁

【原因】

在女性荷爾蒙的分泌比例大幅變動的月經前，很難維持內心的平靜。這段時期會煩躁不已，是因為在雌激素減少的同時，帶來幸福感的血清素也跟著減少所致。

【應對法】

① 增加血清素以減少煩躁感

② 徹底放空

③ 允許一定程度的「大吃」以增加幸福感

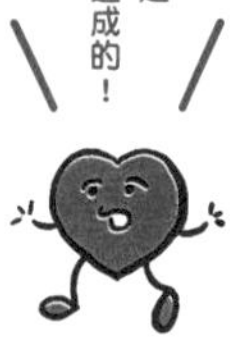

【重點】

經前會對各種事物特別敏感，甚至連日常不在意的小事都想要崩潰吶喊。這時請別責怪自己，體認到「是荷爾蒙害的」並實施相應的對策吧。

應對法 1

增加血清素以減少煩躁感

[增加血清素的食材]

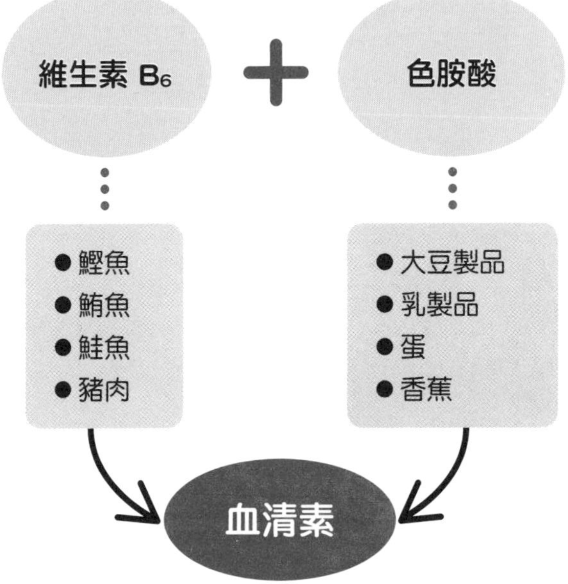
維生素 B6
＋
色胺酸
●鰹魚
●鮪魚
●鮭魚
●豬肉
●大豆製品
●乳製品
●蛋
●香蕉
血清素

幸福荷爾蒙會在月經前減少

女性荷爾蒙之一的雌激素會促進血清素分泌，血清素又稱「幸福荷爾蒙」，具有放鬆內心的功效。

月經前雌激素的分泌量會驟降，血清素自然也會跟著減少，所以才會更加難以克制煩躁感。

攝取富含色胺酸與維生素 B_6 的食材有助於增加血清素。這邊推薦用香蕉豆漿打成的奶昔、鮪魚豆腐沙拉、烤起司豬里肌等。

應對法

2

徹底放空

GOOD

試著沉浸於單純的作業！例如將高麗菜隨意地切成碎末之類。

沉浸於特定事物能夠鎮靜煩躁

覺得周遭所有事物都令人煩躁時，最好的解決方法，就是找個地方宣洩這種情緒。但是亂扔碗盤的話事後整理起來會很麻煩，大吼大叫也會吵到鄰居。

所以這裡建議各位嘗試看看「憤怒管理」的技巧，那就是專注於特定事物，徹底隔絕雜念，使煩躁感消失。

例如放空按壓包材的氣泡紙、一個勁地將蔬菜切碎等，試著專注於只要動到手的單純作業上吧。

應對法 3

允許一定程度的「大吃」以增加幸福感

GOOD

選擇甜點的時候，捨棄看起來會讓血糖值急遽上升的糕點，選起司蛋糕之類的會更好！

重視質大於量的話內心也會很滿足

煩躁期會想大吃大喝，或許是因為內心疲憊導致大腦葡萄糖不足所致。既然如此就別忍耐，透過進食讓腦袋恢復精神才是上策。月經結束後食慾自然會減少，只要能與這段時間互相抵消就行了（54頁）。

儘管如此，要是毫無限制地大吃美食，身體當然會產生反彈。所以請重視質大於量，讓內心滿足吧。現代便利商店的甜點也進化到一定程度了，所以就從身邊挑一些比較優質的食物享用吧。

|心理狀態的起伏|

03

MIND SWING

心情起伏劇烈

【原因】

女性荷爾蒙的分泌量會在約1個月的週期中出現大幅變動，心情自然也會有明顯起伏（24頁）。尤其是排卵後至月經前這段期間，荷爾蒙的增減會格外劇烈，心情也特別容易載浮載沉。

【應對法】

① 捨棄不需要的事物

② 藉伸展操整頓自律神經

【重點】

女性的情緒起伏會受到荷爾蒙的波動影響，因此應該很多人會在這段期間情緒不定。不過這也是容易分辨出「多餘事物」的時期。所以請避開會刺激自己神經的事物，多愛護自己一點吧。

事物與人際關係都要加以盤點！最好打造出清爽的環境，讓身邊除了荷爾蒙以外沒有其他會影響內心的事物。

應對法

1

捨棄不需要的事物

試著放開所有會影響內心的要素

亂七八糟的房間、擾亂心靈的社群網站、讓人覺得浪費時間的酒會……這些是否都是妳的壓力來源呢？

正因為荷爾蒙的波動容易影響我們的情緒，所以才更要打造出清爽的環境，這也有助於心靈健康。只要不是能夠感到「自在」的事物，就乾脆地放手吧。不必一口氣捨棄掉全部，而是排好優先順序後慢慢減量即可。

應對法
2

藉伸展操整頓自律神經

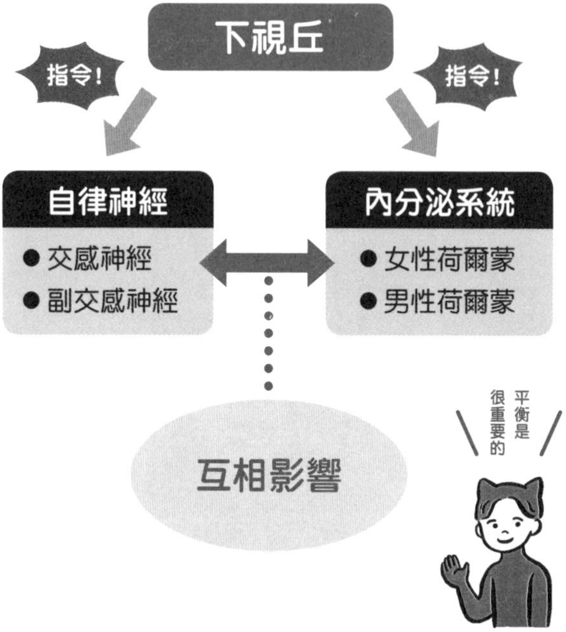
下視丘
指令！
指令！
自律神經
●交感神經
●副交感神經
內分泌系統
●女性荷爾蒙
●男性荷爾蒙
互相影響
平衡是很重要的

整頓自律神經也有助於調節女性荷爾蒙

情緒起伏劇烈時，也可能是自律神經失衡所導致。自律神經與女性荷爾蒙會聽從同一個地方的指令，因此也會互相影響（28頁）。

也就是說，自律神經正常運作的話，女性荷爾蒙自然也會正常運作。

自律神經的最佳規律，就是白天時優先運作交感神經，入夜後則以副交感神經為主。睡前也請透過伸展操提高副交感神經的作用，打造優良的睡眠品質，讓自己好好休息吧。

[鬆緩骨盆伸展操]

GOOD

放鬆背部與骨盆，身體自然會進入睡眠模式，所以不妨在晚上睡前進行吧。

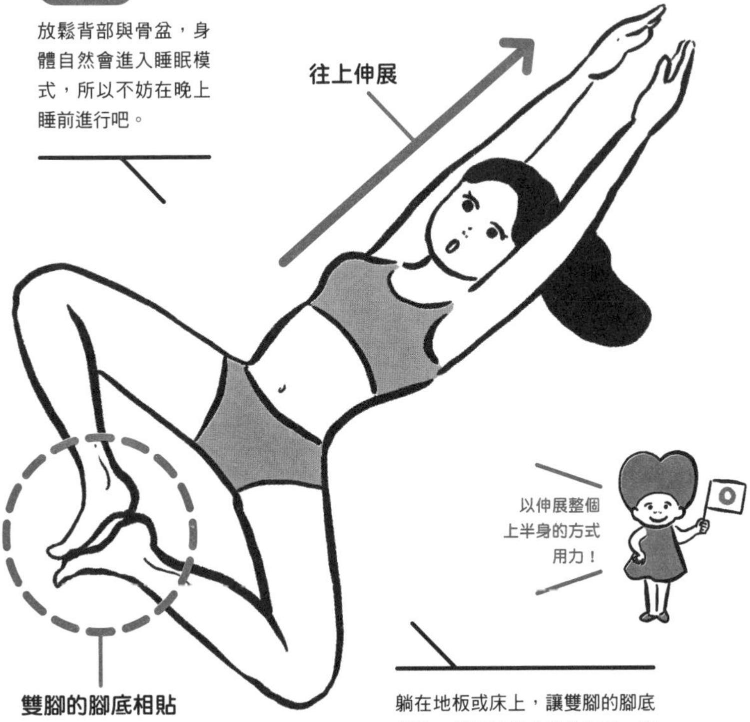
往上伸展
以伸展整個上半身的方式用力！
雙腳的腳底相貼

躺在地板或床上，讓雙腳的腳底相貼，做出骨盆大開的姿勢。雙臂往頭部方向伸直，在覺得舒服的情況下深呼吸。只要隨心所欲進行就可以了。

「心理狀態的起伏」
04
MIND SWING

消沉（自我厭惡）

【原因】

排卵後到月經前，女性荷爾蒙的平衡會急遽變動，所以情緒會受到荷爾蒙波動影響，時而因為一些小事忽然高漲，時而厭惡這樣的自己而陷入低落。

【應對法】

① 避免停留在難熬的場所
② 了解自己容易消沉的時機
③ 多吃讓自己有精神的食物

【重點】

無法控制自己的情緒，進而陷入自我厭惡時，只要靜待這段期間過去即可。症狀太過嚴重時，不妨上婦產科諮詢醫生。

應對法 1

避免停留在難熬的場所

GOOD

公園或便利商店也無妨，在公司或家裡附近找個沒有壓力的避風港吧。

NG

別困在讓自己感到煩躁的狀況中！請在爆發前逃跑吧。

在情緒失控前離開現場

無法控制煩躁情緒的月經前，很容易會與他人起衝突。即使是平常完全不在意的小事也會變得很在意，甚至是無法允許。

在這段時期不妨與造成這類情緒的事物保持距離。工作壓力很大的話，下班就趕快回家；對身旁的人言行感到煩躁時，也沒必要勉強自己回應。

接著，請逃往能夠讓心情平靜下來的場所吧。只要避免在人前爆發，就不容易陷入自我厭惡了。

應對法
2
了解自己容易消沉的時機

在手機行事曆記錄消沉的日子，了解自己容易沮喪的週期，就能夠事前應對，減少紛爭。

週期是可預測的 有所準備就不必擔心

有些人在排卵後至經前會感到浮躁，有些人即使沒發生什麼事情，也會回想起平常的自己或日常小事，覺得自己沒有存在價值，甚至懷疑起自己的意義，陷入無止盡的負面思考中。

想要斬斷這種負面連鎖效應，就要先了解自己的月經週期模式，也就是容易消沉的時期。最好的方法是透過基礎體溫判斷，不過首先請在月曆上記下容易消沉的日子吧。

應對法 3

多吃讓自己有精神的食物

［ 富含維生素B6的食材 ］

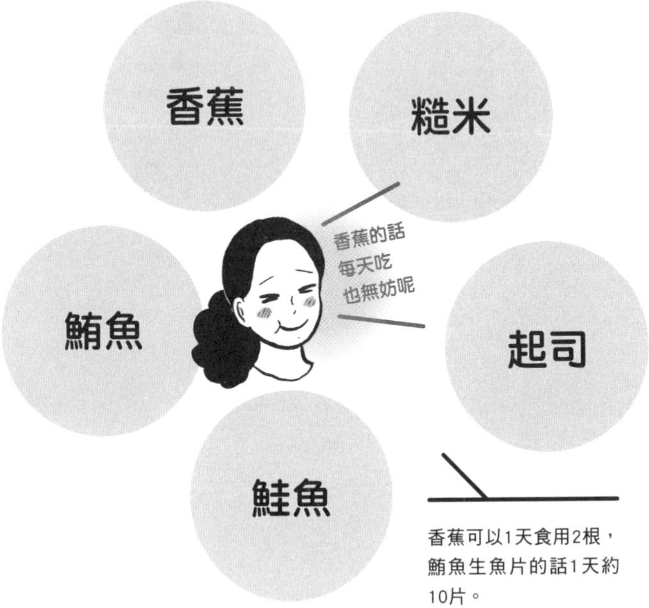

香蕉可以1天食用2根，鮪魚生魚片的話1天約10片。

藉維生素B6預防情緒低落

月經前雌激素的分泌量減少時，有助於放鬆心情的荷爾蒙「血清素」的分泌量也會銳減（103頁）。維生素B6有助於血清素合成，積極攝取富含維生素B6的食物，就能夠防止情緒起伏過大。

富含維生素B6的食物包括香蕉、鮪魚、鮭魚、糙米與起司等，其中香蕉同時含有血清素的必備原料維生素B6與色胺酸，因此非常推薦！

心理狀態的起伏

05

MIND SWING

遇到小事就鑽牛角尖

【原因】

排卵後至月經前，會特別難控制自己的情緒。原本就神經質或性急的人，在這段期間更是會忍不住對各種小事神經兮兮。

【應對法】

① 將「嘛，算了」掛在嘴邊

② 藉由大豆異黃酮保養自己的內心

【重點】

有時候不僅情緒會受到影響，喉嚨與胸口也會有悶住的感覺。也經常會伴隨著身體方面的症狀，例如臉部脹紅、煩惱到睡不著覺等，所以身心都要加倍保養才行。

應對法 1

將「嘛，算了」掛在嘴邊

「事事叮嚀真囉嗦」⇒「對方其實很為我著想！」試著像這樣以正面態度看待周遭的事物吧。

改變看待事物的方法有時要隨便一點

當女性荷爾蒙的變動劇烈時，特別容易失去游刃有餘的態度，只要一點小事就會有負面情緒湧上。

原本個性就執著、在意細節的人，會比其他人導火線更短，所以在排卵後至月經前要特別留意。

發現自己在意太多時，請試著深呼吸並說出：「嘛，算了。」先冷靜下來，以正面心態接受現場的狀況或他人，就能避開無謂的衝突。

應對法 2

藉由大豆異黃酮保養自己的內心

[大豆異黃酮的功效]

大豆異黃酮
與雌激素的構造
非常相似！
甚至被稱為
「植物性雌激素」

1 讓內心平穩

在雌激素銳減的時期補充大豆異黃酮，有助於防止情緒的變動！

2 減少膽固醇

大豆異黃酮有助於減少壞膽固醇，預防文明病！

3 提升皮膚彈性

有助於增加讓肌膚變美的膠原蛋白，提升彈性。也能改善皺紋！

大豆異黃酮有助於安定心靈

大豆製品富含的「大豆異黃酮」擁有非常類似雌激素的分子構造，因此專門抓住雌激素的受體會誤以為是雌激素，發揮猶如雌激素的作用。

雖然大豆異黃酮的效果僅雌激素的四百分之一，但是在雌激素分泌量銳減的經前與經期，卻是相當可靠的好夥伴。

所以在這段時期請多吃味噌、豆腐、黃豆粉、豆漿與炸豆皮等大豆製成的食品吧。

[能夠攝取大豆異黃酮的食材]

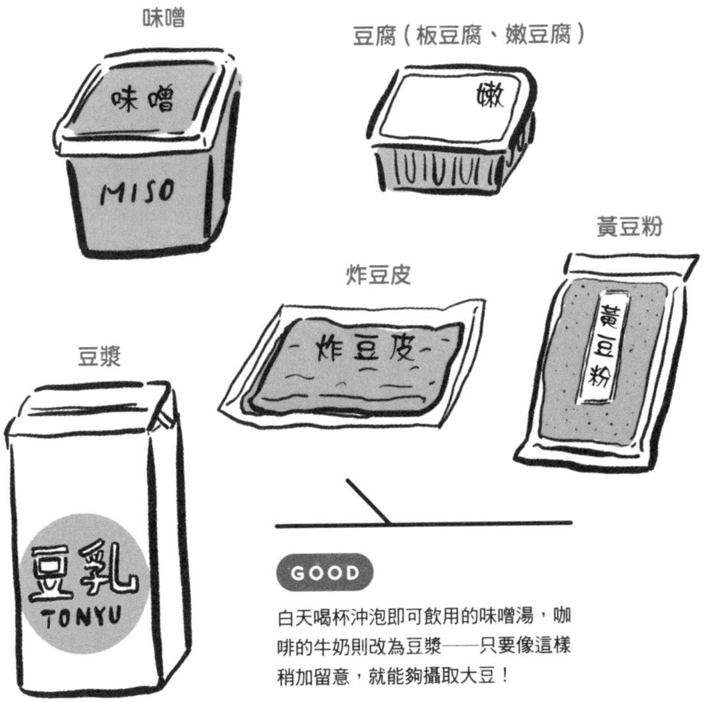

GOOD

白天喝杯沖泡即可飲用的味噌湯，咖啡的牛奶則改為豆漿——只要像這樣稍加留意，就能夠攝取大豆！

MINI COLUMN

不可以大量攝取？

照正常三餐攝取是沒問題的，但是嚴禁透過保健食品等大量攝取大豆異黃酮。因為荷爾蒙的受體有限，攝取過多的話會與雌激素互相爭奪。尤其是在雌激素大量分泌的月經後，應減少大豆異黃酮的攝取！

心理狀態的起伏

06

MIND SWING

想逃

【原因】

有一些人在排卵後至月經前，會想逃避眼前的所有事物，以這種形式體現出荷爾蒙波動的影響。這是因為隨著雌激素減少，提升幹勁的血清素也跟著減少所造成的。

【應對法】

① 在排程時就要想清楚

【重點】

血清素減少時，可能會覺得和他人約見面很麻煩、失去合群能力、抗壓性變差。荷爾蒙波動造成的心理起伏症狀因人而異，所以想逃的時候就逃吧。

GOOD

攸關信賴關係的聚會時，就告訴自己「2小時就好」並忍耐一下，回家後也犒賞一下自己吧！

應對法 1

在排程時就要想清楚

排行程時要重視心理週期

突然覺得酒會很麻煩，所以出發前才取消……在女性荷爾蒙變動甚劇的時期，有可能會做出這種問題行為。

如果是親朋好友之間的酒會倒還不用勉強，但如果是公司外部簡報或是誰的慶祝會，這類活動毀約的話就會失去信用，不能這麼任性妄為。

所以在決定重要的行程時，只要先對照自己的心理週期，判斷那天的自己是否「沒問題」就行了。

〈心理狀態的起伏〉
07
MIND SWING

容易落淚

〔原因〕

經前受到女性荷爾蒙的變動影響，自律神經也容易失衡，所以情緒上來時會比較難踩剎車。可能遇到一點小事就備受衝擊，在人前落淚或震驚不已等。

〔應對法〕

① 想哭的時候不要忍耐

〔重點〕

愈率真的人愈容易受女性荷爾蒙的波動影響，經前也愈容易情緒不穩定。甚至沒做什麼事就不小心哭出來。這種時候請找個地方獨處，盡情哭到過癮為止吧。

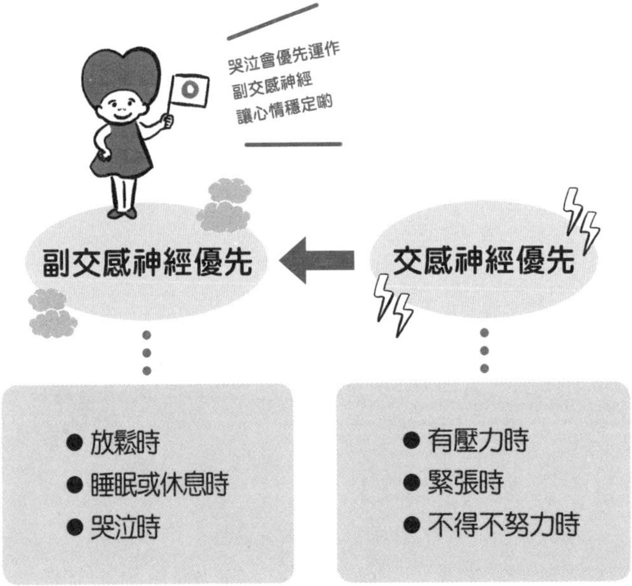
哭泣會優先運作
副交感神經
讓心情穩定喲
副交感神經優先
交感神經優先
●放鬆時
●睡眠或休息時
●哭泣時
●有壓力時
●緊張時
●不得不努力時

應對法 1

想哭的時候不要忍耐

不顧一切地
盡情去哭效果最好！
不妨試試看

盡情哭泣
達到情緒排毒

公事出包就想哭、光是看到夕陽太美麗就不禁落淚，最近淚腺實在太脆弱了……每當浮現這種想法時，果然又是月經前夕！

沒錯，女性荷爾蒙的起伏同樣會使妳的淚腺脆弱。

這時請不要忍耐，找個地方一個人痛哭一場吧。事實上「哭泣」這個行為能夠開啟副交感神經，所以請盡情哭泣，讓承受壓力而緊繃的身心，轉換成放鬆時（優先運作副交感神經）的狀態吧。

心理狀態的起伏

08

MIND SWING

不再心動

【原因】

排卵後至月經前孕酮會增加（19頁），所以這個時期會不再在意異性。別說期待戀愛關係了，就連原本很喜歡的嗜好，也會在這段期間提不起興趣。

【應對法】

① 穿上色彩明亮的服裝

【重點】

相反地，排卵前會特別容易受異性吸引，有時也會受衝動驅使，本能地想要「吸引異性」。

應對法

1 穿上色彩明亮的服裝

GOOD

粉紅色具有令人感到滿足、幸福，變得溫柔的效果。

NG

紅色屬於攻擊色，在靜不下來的月經前可能太過刺激。

借助色彩的力量 從外表轉換心情

健全生活的必備條件，包括飲食、運動與「心動」。心動＝因喜悅或是期待而雀躍不已，據說有助於提升免疫力與自我療癒力。

女性有時會受到荷爾蒙的波動影響，暫時失去心動的感覺，且多半出現在月經前。

對任何的事物都不再心動時，請穿上色彩明亮的衣服，試著振奮自己的精神吧。粉紅色有助於潤滑人際關係，還可以增加他人的幸福感，所以相當推薦。

「心理狀態的起伏」
09
MIND SWING

感受不到滿足

【原因】

「感受不到滿足＝不滿」容易陷入這種負面思考的人，也很容易受到女性荷爾蒙的變動影響。或許是因為情緒不穩定的月經前容易消沉，所以會不禁著眼在不滿足的事物上吧。

【應對法】

① 別在乎沒有的東西，看看擁有的事物

【重點】

看著一杯8分滿的水時，會有「沒有幫我倒滿」、「倒了好多給我」這2種想法，感受不到滿足的人容易陷入前者的思維。但是只要改變視角，不幸也能夠變成幸福。

應對法 1

別在乎沒有的東西，看看擁有的事物

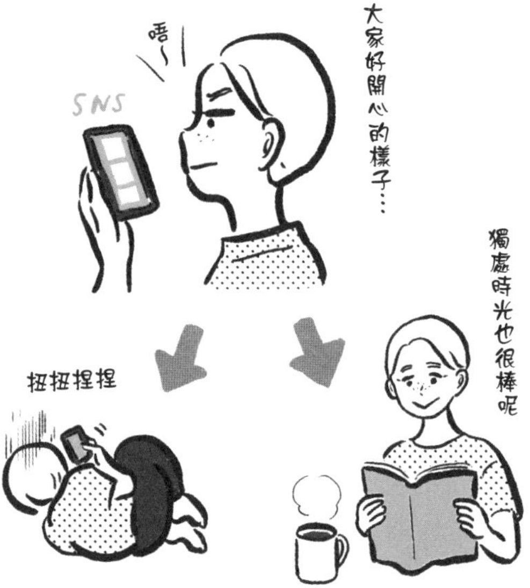
唔～
SNS
大家好開心的樣子……
扭扭捏捏
獨處時光也很棒呢

NG

別再盯著朋友的PO文，這只會招來更多不滿。

GOOD

試著讀點買來還沒時間看的書，或許會發現能使心靈富足的事物其實就在身邊。

別被不滿牽著鼻子走就能夠「知足」

內心容易在月經前出現波動的人，也有容易聚焦在失去的或不足事物上的傾向。

中國古代的哲學家老子曾說：「知足者富。」意思是懂得滿足的人，能夠擁有富足的心靈。

禪僧的教諭中也有提到：「活著就是得。」

在荷爾蒙的變動激烈時，「知足」的難度或許有點高，但是請試著轉念幫助自己度過難關吧！

|心理狀態的起伏|

10

MIND SWING

抗拒性行為／缺乏性行為

【原因】

經前原本是用來維持懷孕狀態的時期，女性荷爾蒙會將身心切換成「母親模式」。因此女性在這個時期會對創造新生命的行為失去興趣，也就是不容易產生性慾。

【應對法】

① 整頓與情緒有關的荷爾蒙

② 減少經前性行為

③ 從緊張中解放自我

【重點】

雌激素的分泌量減少後，黏膜的滋潤度也會降低，陰道容易受傷，所以性行為也會變得不舒服。雌激素除了會在經前至經期大幅減少之外，長時間的壓力或緊張也會造成分泌量低下。

應對法 1

整頓與情緒有關的荷爾蒙

正腎上腺素

對萬物的意欲之源，一旦不足就會缺乏精神與幹勁。

多巴胺

主掌快樂，不足時可能會造成性功能低下。

血清素

能夠穩定精神，控制了正腎上腺素與多巴胺的分泌。

這3種荷爾蒙並稱為三大神經傳導物質，會互相影響，維持三者平衡就能夠使身心安定。

整頓好荷爾蒙 自然會對床事更積極

現代的許多女性逐漸「干物化」，失去幹勁後性行為次數也跟著減少，這種時候請試著強化多巴胺（快樂）、血清素（療癒）、正腎上腺素（亢奮）這3種與情緒有關的荷爾蒙吧。

這3種荷爾蒙的主要原料都是蛋白質（肉、魚、蛋）、維生素B_6（鮭魚、鮪魚、香蕉）、鐵質（肝臟、鰹魚、菠菜），而且適度運動都有助於分泌，所以可以試著養成健行的習慣！

應對法 2

減少經前性行為

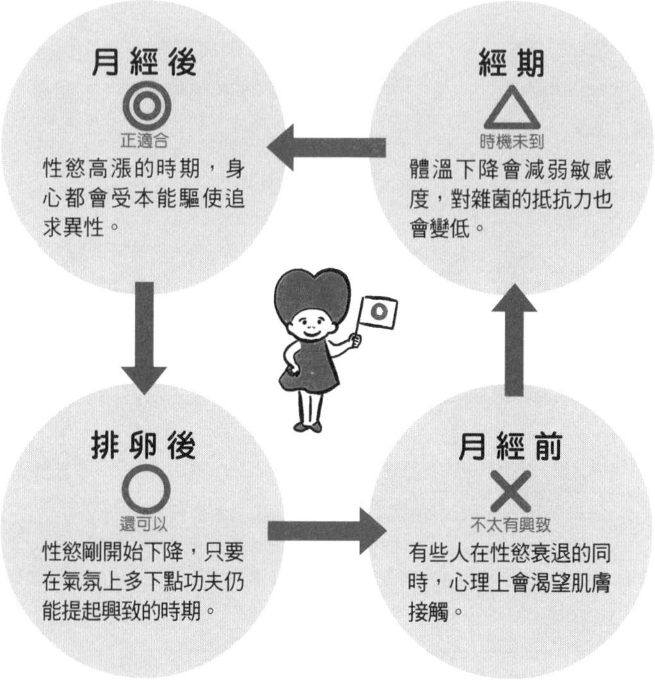
月經後
正適合
性慾高漲的時期，身心都會受本能驅使追求異性。
經期
時機未到
體溫下降會減弱敏感度，對雜菌的抵抗力也會變低。
排卵後
還可以
性慾剛開始下降，只要在氣氛上多下點功夫仍能提起興致的時期。
月經前
不太有興致
有些人在性慾衰退的同時，心理上會渴望肌膚接觸。

經前身心都會對床事消極

女性的性慾同樣會隨著荷爾蒙分泌的週期變動。

缺乏性慾的時期通常是經前至經期，這段期間身體會減少雌激素的分泌，避免與異性接觸。

雌激素也負責滋潤黏膜及提升抵抗力，因此這段時期的性行為會因滋潤度不足導致疼痛，也容易感染性病。

所以讓另一半充分了解自己的荷爾蒙週期，也是非常重要的。

應對法 3

從緊張中解放自我

GOOD

用大量的肌膚接觸，讓身心解放也很重要！

NG

壓力大的時候免疫力會變差，所以不要勉強自己！

不要對身心施加壓力

女性會受到女性荷爾蒙的影響，每個月又哭又笑，性慾也同樣會受影響。所以請與另一半好好溝通，讓對方了解會因為荷爾蒙的關係，有願意的時候與絕對不願意的時候。擔心「拒絕可能會被討厭」而勉強自己配合，只會使床事變成苦差事。

疲倦、壓力大、緊張……如果對方無法體諒這些狀況，就沒辦法擁有舒服、充滿愛情的性愛。

|心理狀態的起伏|
11
MIND SWING

無法專注

【原因】

自律神經與專注力和判斷力息息相關。因此在自律神經容易失衡的經前，專注力也會變差。女性荷爾蒙與自律神經會聽從同一處的指令，任一方亂掉的話，另一方也會受到影響（108頁）。

【應對法】

① 利用芳香精油提升專注力

② STOP！能量飲料

③ 利用花茶放鬆一下

【重點】

買一堆昂貴卻不合用的物品、突然向男朋友提分手……經前內心失去餘裕，容易做出不同於平常的行為。所以這段時期應盡量避免需要專注力的工作或是重要案件。

應對法 1

利用芳香精油提升專注力

尤加利

銳利的香氣能夠讓頭腦清爽，有助於提升專注力。

柏木

滋潤的木質香氣，能夠轉換心情與提升專注力。

月桃

帶有柔和甘甜的辛香氣味，能刺激腦部。

迷迭香

充滿清涼感的香氣，能夠促進腦部血液循環，提高專注力。

檸檬

新鮮的香氣能夠使情緒開朗，活化腦部的運作。

藉由清爽的香氣提高專注力

經前懶洋洋的、失去專注力時，不妨藉由芳香精油讓身體煥然一新，又不會對身體造成負擔。

能夠有效提升專注力的，包括讓頭腦清爽的柑橘類、刺激腦部趕跑睡意的辛香類、具有森林浴效果的樹木類等。

選用具香氣或搭配精油成分的護手霜或唇膏，或是在手帳和筆記本滴幾滴精油，就能夠在出門時也藉由香氣自然而然地轉換心情。

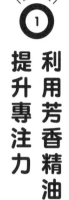

應對法 2

STOP！能量飲料

[能量飲料的缺點]

- 會妨礙鐵質等礦物質的吸收，容易造成貧血
- 具利尿作用，會導致身體容易冰冷
- 藉大量咖啡因持續刺激交感神經後，自律神經容易失衡

MINI COLUMN

營養劑與能量飲料的差異

營養劑在日本列為「醫藥部外品」，能夠標記滋養強壯等效果。能量飲料則屬於「清涼飲料水」，能夠輕易購買飲用，反而有可能會一不小心就攝取過量的咖啡因。

要注意能量飲料的咖啡因

很多人專注力不持久時，就會借助能量飲料的力量，但是這種借來的專注力，往往會在事後產生反彈。因為能量飲料中的咖啡因具備醒神作用，會讓人不小心就過度奮發。

咖啡因也具有不適合女性身體的作用，例如妨礙鐵質等礦物質的吸收、容易造成身體冰冷等。此外也有上癮的問題要擔心，所以應該避免過量飲用。已經養成喝咖啡習慣的人，不妨改以選擇無咖啡因的類型。

應對法 3

利用花茶放鬆一下

GOOD

在辦公桌準備多種花草茶，就可以隨自己的心情與身體狀況做選擇了！

MINI COLUMN

貞潔樹果對經前症候群有效？

據說在歐美被當作藥草使用的貞潔樹果，具有整頓女性荷爾蒙平衡的作用。但是嘗起來略帶苦味，所以不妨添加少許蜂蜜後再飲用。

藉喜歡的味道與香氣讓疲憊的腦部休息一下

缺乏專注力就是腦部已經疲憊的證據，能夠好好休息一下才是最理想的，但是沒辦法的話，就藉由無咖啡因的花茶放鬆一下吧。

選購放鬆身心的花茶時，符合自己喜好的味道與香氣比功效更重要，只有自己覺得舒服，才能夠讓腦部真正休息。

香氣與口感都很清爽的薄荷、有著蘋果般甘甜香氣的德國洋甘菊、滋味猶如紅茶的南非國寶茶、帶有酸味的朱槿等都是不錯的選擇，請找出符合自己喜好的口味吧。

心理狀態的起伏

12

MIND SWING

無法抑制衝動

【原因】

月經前的荷爾蒙變動會大幅左右心理狀態，因此有些人在受到某種刺激後，會產生強烈衝動並喪失判斷力。不過這只是部分案例，月經前的症狀因人而異，據說多如繁星。

【應對法】

① 藉由深呼吸找回自我

② 享用美酒

【重點】

這段期間容易衝動的人，建議事先了解自己的「地雷」是什麼，並在月經前盡量遠離「地雷」。請各位熟練運用這2點，以預防衝動性的問題行為。

應對法 1

藉由深呼吸找回自我

情緒高漲時 就吸氣4秒吐氣8秒

不小心因為衝動，在公司或家中惹了麻煩！雖然沒有特別想要，卻還是下手買了昂貴的物品……有些人在月經前，特別容易發生這類言行。

所以在情緒開始高漲時，請先停下腳步並試著大口深呼吸。花4秒吸氣、再花8秒慢慢吐氣，這麼做有助於優先運作副交感神經，踩剎車讓自己不要衝動。

這時也可以喝杯水，或是找到專屬於自己的冷靜方法，例如做某件事讓自己冷靜下來之類。

應對法

2

享用美酒

燒酎、威士忌

威士忌等蒸餾酒不含醣類！燒酎還有清血效果，但是酒精度數比較高，必須避免過量飲用。

葡萄酒

紅酒富含能有效抗老化的多酚，中醫認為葡萄酒還能夠對「肝」產生功效，提高抗壓性。

啤酒

利尿效果較高，容易降低體溫，可能算不太適合女性的酒類。

日本酒

含有所有體內無法自行合成的必需胺基酸，包括血清素（幸福荷爾蒙）的原料色胺酸等。

儘管如此
經期比較容易喝醉
要留意飲酒量喔

經期好像
很適合
喝紅酒呢

避免飲酒過量的前提下 用酒精轉換心情也無妨

有些人會在無法克制衝動的月經前暴飲暴食、亂買一通對吧。

這時就找不用顧慮太多的親朋好友一起飲酒作樂吧。攝取適度的酒精，有助於提高副交感神經，放鬆心情。同時也可以準備富含維生素與蛋白質（127頁）的下酒菜，整頓容易影響內心的自律神經。

但是黃湯下肚後更容易衝動行事的人，可能會過量飲酒，所以不建議這麼做。

[推薦哪些下酒菜？]

能夠攝取維生素的下酒菜

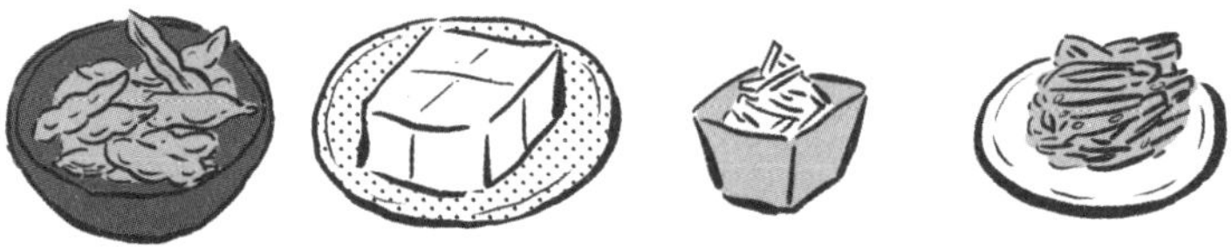

毛豆　涼拌豆腐　日式炒牛蒡絲　芝麻醬拌菠菜

能夠攝取蛋白質的下酒菜

煎蛋捲　牛肉乾　魚肉香腸　生火腿

|心理狀態的起伏|
13
MIND SWING

渴望肌膚接觸

【原因】

血清素（幸福荷爾蒙）減少後，容易放大不安的情緒，或許有些人會覺得特別孤單，渴望有人陪在身邊。由此可看出雌激素低下的經前會有很多症狀。

【應對法】

① 撫摸毛茸茸的動物
② 藉由按摩放鬆身心
③ 在情緒起伏變大前就寢

【重點】

請別因為太過渴望肌膚接觸而完全不挑對象尋求溫暖。能夠滿足這種情緒的不是只有異性而已。無論什麼情況都別喪失理智。

應對法

1

撫摸毛茸茸的動物

GOOD

不必直接接觸，只要看毛茸茸的可愛影片就能夠分泌催產素！

利用療癒荷爾蒙的力量緩和孤單感

擁抱毛茸茸的貓狗，會感受到難以言喻的幸福感……。

觸摸可愛的動物或軟綿綿的物體時，人腦會分泌出名為催產素的荷爾蒙。催產素在日本又稱「療癒荷爾蒙」、「愛情荷爾蒙」或「羈絆荷爾蒙」等，能夠緩解孤單或不安造成的憂鬱心情。

沒辦法憑自己的力量讓心情好起來時，就去一趟貓咪咖啡廳，或是抱緊軟綿綿的抱枕試試吧。

應對法

2

藉由按摩放鬆身心

GOOD

經前也可以進行淋巴按摩。能夠整頓自律神經緩和各種不適症狀。

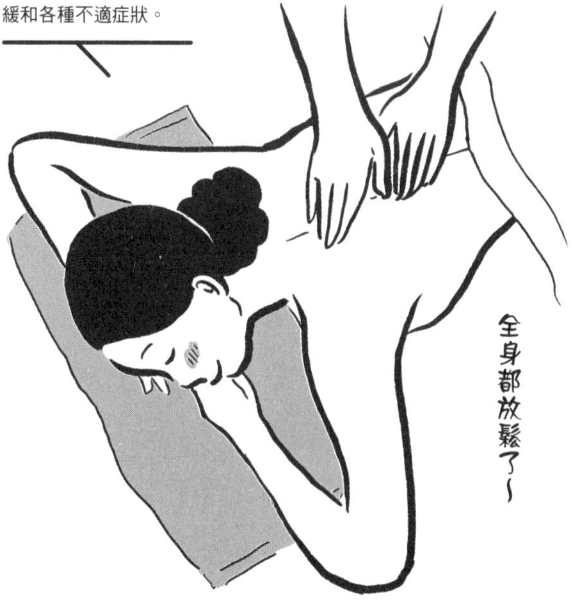

從掌心傳來的溫暖能夠放鬆心靈

日文將治療疾病或傷口稱為「手当て」，字面是「以手貼住」的意思，據說實際上就是以手部的溫暖促進患部的血液循環，引導出身體的自然治癒力。甚至有人認為掌心會釋放出微量的遠紅外線。

所以內心失衡的時候，不妨藉由按摩或是區域反射療法（足療）等，獲得與他人肌膚相貼的機會。手指的觸感能夠對自律神經發揮作用，讓身心都隨之放鬆。但是經前的皮膚比較敏感，所以記得請業者選擇低刺激性的精油。

應對法 3

在情緒起伏變大前就寢

情緒起伏大的經前藉睡眠消除疲勞吧

月經來之前莫名覺得孤單之類，劇烈的情緒波動會讓人感到疲憊，這時就不要勉強自己，早點上床睡覺吧。

睡眠所需要的荷爾蒙稱為「褪黑激素」，少了血清素就製造不出褪黑激素，而血清素的原料是色胺酸，色胺酸可透過高蛋白質的食品攝取，所以這裡很推薦在早餐享用優格。白天讓身體確實製造血清素，夜晚自然就能分泌褪黑激素，獲得一場香甜的睡眠。

LET'S TRY!

避孕藥體驗記

應該很多人都覺得避孕藥很恐怖吧？
但是其實一點也不恐怖！這裡就要介紹真實體驗。

體驗者

瑠璃小姐

我原本是因為嚴重經痛開始對工作與日常生活造成不便，所以才去婦產科。經診斷發現是子宮內膜異位症，於是開始服用超低劑量避孕藥。服用後經期時的血量減少了，疼痛也減輕了，效果令我訝異。我原本經前下腹部都會疼痛，但是連這個問題也消失了，讓我每天都覺得早點嘗試就好了。

CHECK

【吃了什麼藥？】

Yaz Flex

可連續服用120天（期間不會有月經）的超低劑量避孕藥，能夠有效治療子宮內膜異位症所造成的疼痛或是月經困難症。

【服藥期間】

半年

每天23點服用1錠，期間若有連續3天出血就要中止服藥，隔天起要停藥4天。沒有出血的話就可以連續服用120天，接著停藥4天後再繼續服藥。

【花了多少錢？】

每月3000日圓左右

（含診察費／保險適用）

【注意事項】

因為每天得固定在差不多的時機服藥，所以光憑自己可能很難做好管理。比較粗心的人建議利用服藥管理APP或手機的行事曆功能，設定每天同一時間寄送通知！

CHAPTER

3

For lady

與婦科有關的困擾

| EPISODE.04 |

經期的煩惱因人而異

叮咚ー
來了來了~
啪噠啪噠
打擾了~
我買了蛋糕。
謝謝妳~
喔！打掃得好乾淨。
沒有人來的話，我就懶得打掃了。
所以妳才約我的嗎？
沒錯。喝啤酒好嗎？
我想喝點能夠溫暖身體的~
剛好生理期……
哎呀。
我泡杯茶吧
妳從以前生理痛就很嚴重呢~
唔…
嗚哇！

還沒服用避孕藥時真的很痛苦……
老師～！
唔唔。
蹣跚
撞
刺痛
我的話是PMS比生理痛嚴重呢。
不會痛就好了吧。
才不是這樣，會一下生氣一下嚎啕大哭。
看見自己這麼情緒化時真的會非常沮喪。
知道這種情況叫做PMS時讓我稍微鬆了口氣呢。
哇～
我想我懂。
要吃哪一種？
這世間的女性真是偉大……
每個月都這麼難熬，卻仍努力存活…
這主詞真龐大。
分我一口。
不要。

婦科
症狀

女性荷爾蒙與婦科症狀有什麼關聯性呢？

經痛、月經不順、分泌物、害喜、產後憂鬱、更年期障礙……從青春期迎來第一次月經到停經為止，女性的身體總是苦於與月經相關的不適。我們知道大部分的情況都與女性荷爾蒙息息相關，但是實際上各症狀又是基於什麼原因發生的呢？

原因之一是女性荷爾蒙的雌激素會一下增加一下減少。雌激素能夠強化骨骼與血管、增加好膽固醇、讓心情開朗，有助於維持身體與心靈健康，因此分泌量急遽減少時就會造成不適。

再來就是懷孕、生產。懷孕和生產同樣會為身心帶來極大的變化，因此女性荷爾蒙與自律神經都很容易在這段期間失調，出現各式各樣的症狀。

不適是正視自己身體的好機會

荷爾蒙等引發的婦科症狀，程度會因人而異，有些人會非常嚴重，有些人則一點症狀也沒有出現。

有專家認為這與遺傳有關，但是大多數都是個性與生活習慣造成的。然而，容易出現症狀並非全然都是壞事，敏感察知自己的不適，正好能夠重新審視自己的生活習慣，並確實正視自己的身心。

[婦科相關症狀]

PMS
經痛
更年期障礙
月經不順
不正常出血
害喜
形形色色呢！
不孕症
分泌物異常
頻尿、漏尿
產後憂鬱
停經

婦科症狀
01

經前症候群（PMS）

●何謂PMS？

經前症候群是發生於月經前約3～10天的身心不適之統稱，英文為Premenstrual syndrome，簡稱PMS，常見於20～30幾歲的女性。

●原因

一般認為是某些原因造成腦內荷爾蒙與神經傳導物質異常所致。其中的某一個原因似乎與經前女性荷爾蒙的劇烈變動有關。

●症狀

① 煩躁
② 不安
③ 專注力變差
④ 食慾不振或是暴飲暴食
⑤ 變得懶洋洋

等相當繁多

[PMS出現的時期與類型]

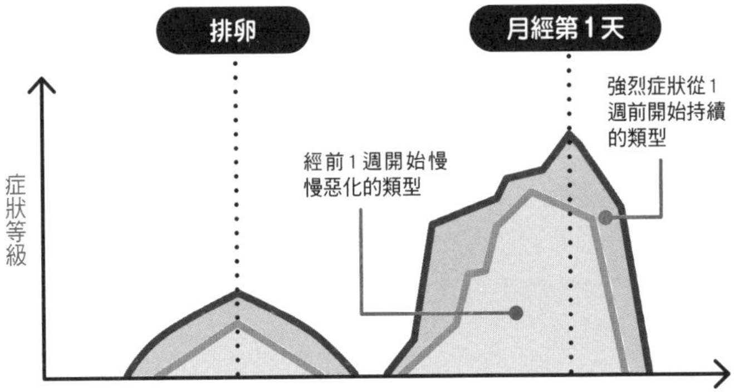

大部分的人都是在經前1週出現症狀，並逐漸增強，月經一來就瞬間消失。嚴重的人會突然出現強烈症狀，直到月經來之前都不會減弱一直持續。

[每天標記以確認自己的類型]

日 期	／	／	／
● 煩躁	★		
● 頭痛		★	
● 腰痛			
● 懶洋洋			★

最少要標記3個月

請花3個月記錄症狀開始的時間、症狀類型、消失時間等，以確認自己的PMS類型。只要了解類型，就能夠事前做好準備，避免在症狀開始嚴重的日子安排重要行程等。

➡ 確認P.222的月曆式起伏檢視表！

處方箋

PMS、月經問題的可靠夥伴「低劑量避孕藥」

讓卵巢休息以避免月經問題

日本往往認為避孕藥是避免懷孕專用的藥物，但是其實避孕藥也廣泛用來減輕婦科相關的症狀。

避孕藥含有女性荷爾蒙的雌激素與孕酮，所以服用之後可以減弱腦部對卵巢的荷爾蒙分泌指令，讓卵巢進入休息狀態，抑制排卵。這有助於減輕PMS等月經週期所造成的嚴重症狀。

藉由避孕藥讓卵巢休息，也有助於避免其他月經問題。

Q 服用避孕藥會發胖？

A 以前使用的避孕藥荷爾蒙含量較大，所以才會造成發胖。現在使用的低劑量避孕藥沒有這個問題。

Q 有多少女性在服用呢？

A 以美國為首，全世界約有1億3千萬人在服用。日本在1999年認可這種療法，目前約有15萬人活用中。

Q 大概得花多少錢呢？

A 依藥物種類而異，不過1排藥（1個月的分量）約2,000至3,000日圓，診察費等另計。

[種類形形色色]

超低劑量避孕藥

低劑量避孕藥中，有雌激素含量特別少的類型，在日本只會用來治療月經困難症。

單相型低劑量避孕藥

在維持避孕效果之餘減少荷爾蒙量的藥物。所有藥錠都均衡配有2種荷爾蒙。

三相型低劑量避孕藥

2種女性荷爾蒙的含量比例近似於自然分泌狀態，1排藥物會將荷爾蒙量分成3個階段。

➡ **荷爾蒙的含量各異**

21錠型

連續服用21天後要停藥7天，再開始服用下一排藥的類型。停藥期間必須靠自己做好管理。

28錠型

28錠中有7錠是沒有效果的安慰劑或營養劑。服用完1排藥後立刻接著服用下1排，能夠預防忘記服用，較適合不熟悉的人。

Synphase T28 Tablets
最優先目的為避孕的處方避孕藥。

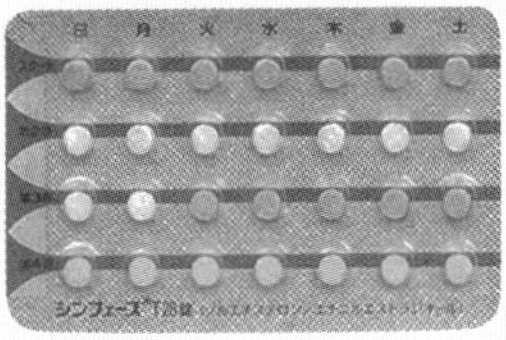

➡ **「服用3週停藥1週」為基本**

● 低劑量避孕藥有副作用嗎？

要說低劑量避孕藥的副作用，當屬血栓症。但是每年1萬人中僅3～9人會有血栓症發作的風險，頻率可以說是相當低。

※保險理賠的低劑量避孕藥依種類而異，有相關需求時請在尋求醫師意見的前提下選擇服用的藥物。

婦科症狀 02

經痛

● 引發經痛的機制

［前列腺素過多時］

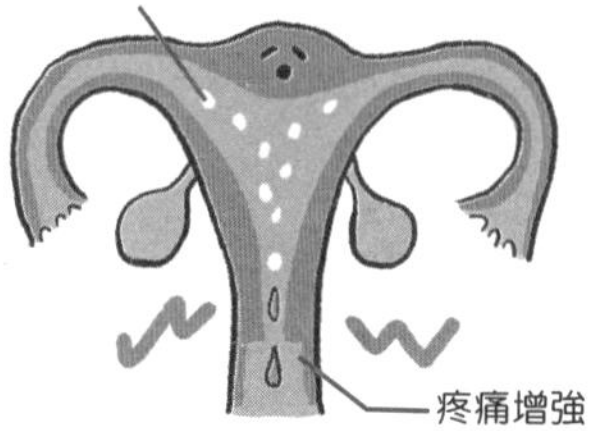

［前列腺素較少時］

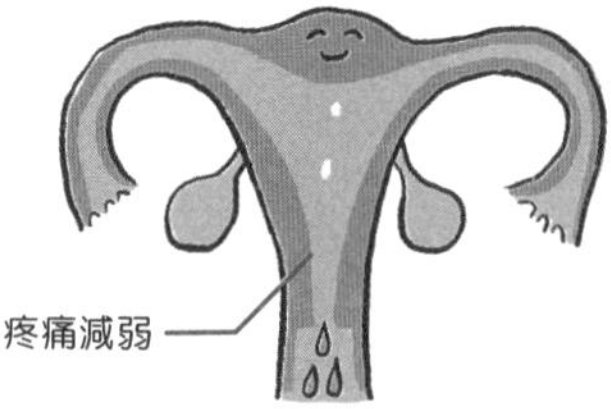

當前列腺素的作用過度時，子宮就會強烈收縮，引發下腹痛或腰痛等現象。

● 原因

經期分泌過多子宮收縮物質（前列腺素）時，就會產生陣痛般的疼痛。此外身體冰冷或收縮造成的血液循環不良、子宮入口狹窄導致經血無法順利流出等狀況，也會造成經痛。

處方箋

藉寬鬆衣服、溫暖改善疼痛

NG

經期應避免穿著緊身牛仔褲、窄裙、束褲等束縛身體的衣物，否則會造成血液循環不良。

將暖暖包貼在腹部與腰部兩處，盡可能溫暖子宮一帶！

身體冰冷與束縛會使經痛惡化

身體冰冷肌肉就會僵硬，子宮也屬於肌肉的一部分，所以身體冰冷就會導致收縮不順，還會使造成經痛的物質「前列腺素」滯留在骨盆內。

月經期間最重要的就是促進血液循環，避免身體冰冷。這時可以穿上針織褲或是在肚圍上放置暖暖包，從前後確實溫暖整個子宮。

總是穿著束緊身體的衣物同樣會妨礙血液循環，要特別注意。月經期間請解放腹部，讓腹部輕鬆一點吧。

藉伸展操緩和疼痛

讓雙腳的腳底相貼，接著將後腳跟拉近身體，大幅地擴張髖關節。雙手則擺在膝蓋上方。

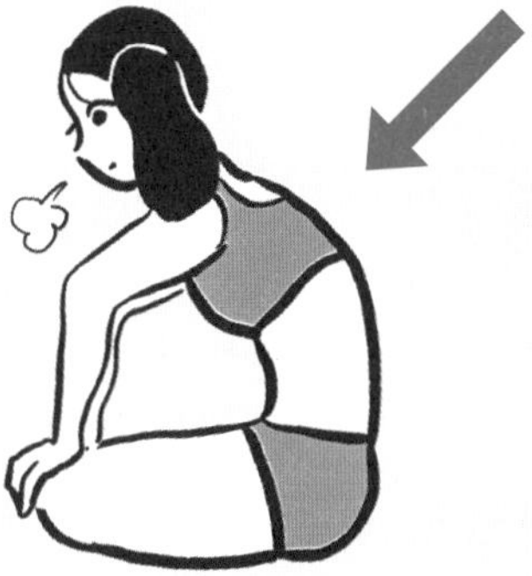

緩緩吐氣的同時，盡量將上半身往前傾並維持15秒，接著一邊吸氣一邊恢復原本的姿勢。

鬆開骨盆一帶的肌肉
提升血液循環

身體冰冷或運動不足導致血液停滯在骨盆內，就會使前列腺素也停滯在體內，進而造成經痛。

建議透過擴張髖關節的伸展運動促進排血，將停滯在骨盆內的血液排出。請鬆開骨盆一帶的肌肉促進血液循環，同時做好下腹部的保暖工作吧。

促進血液循環也有助於排出造成疼痛的前列腺素，早晚各做10次效果會更明顯。

處方箋

利用薑味紅茶 從體內深處溫暖身體

沖泡方法

1. 沖泡熱紅茶。
2. 加入約 1cm 長的薑泥。
3. 可依喜好添加黑糖或蜂蜜。

MINI COLUMN

止痛藥 要在真正開始痛之前服用

止痛藥最好在還沒有很痛時就服用，只要遵循正確用法與用量，幾乎不會對身體造成負擔。但是必須在真正開始痛之前服用才能夠見效，等到很痛了才服用的話很難發揮效果。

薑味紅茶讓人感覺不到冰冷與疼痛

這裡向苦於身體冰冷的女性推薦「薑味紅茶」。只要在平常沖泡的紅茶中加點薑即可輕鬆完成，作法簡單但是效果絕佳。

薑裡的成分薑辣素具有促進血液循環的作用，能從體內溫暖身體。

茶葉經過完全發酵的紅茶同樣有溫暖身體的功效，還有助於強化抵抗力。

覺得經痛難熬時，就泡杯薑味紅茶休息一下，靜待疼痛緩和吧。

婦科症狀 03

月經不順

●何謂月經不順

正常月經的定義是：
●週期24～38天
●持續出血天數3～8天
●經血量20～140ml
未滿24天月經就來了、間隔達39天以上、經血量過少或過多等，都稱為月經不順。

●原因

急遽減肥、疲憊、生活不規律、強烈壓力等造成荷爾蒙失衡或是自律神經紊亂，就會引發月經不順。有時是因為子宮、卵巢、甲狀腺等方面的疾病導致月經不順。

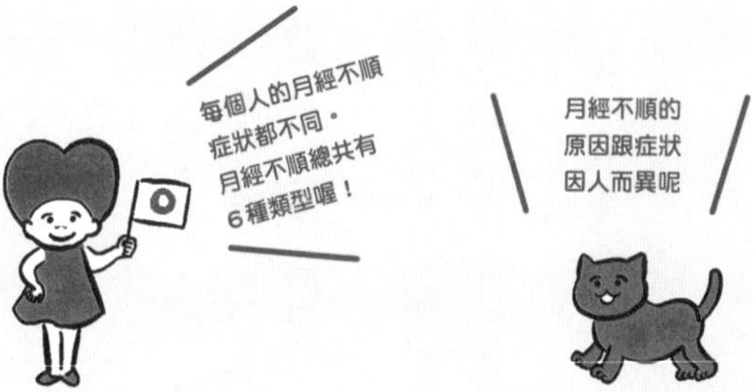
月經不順的
原因跟症狀
因人而異呢
每個人的月經不順
症狀都不同。
月經不順總共有
6種類型喔！

[月經不順的種類]

一直不來

稀發型月經

過了39天以上月經還是不來的狀態，很可能是女性荷爾蒙沒有順利分泌。過度減肥、飲食不正常、壓力過大都可能是原因。

2天就結束

經期過短

月經在2天內就結束的狀態，與月經過少一樣，都是女性荷爾蒙分泌量太少，導致子宮內膜無法增厚，所以月經才會只來1～2天就結束。

經血量過少

月經過少

1天只需要換1～2次衛生棉，就屬於經血量過少的狀態。由於女性荷爾蒙分泌量太少，導致子宮內膜無法增厚，才會只有少許血量。

一下子就來了

頻發型月經

離上一次月經第1天不到23天的狀態。荷爾蒙容易失衡的青春期格外常見。由於月經次數增加，因此有容易貧血的傾向。

持續9天以上

經期過長

月經持續9天以上的狀態。長期持續大量出血，有時可能會引發貧血。此外也可能是「無排卵性月經」，由於沒有排卵導致不斷出血。

經血量過多

月經過多

經血量多到異常的狀態。日用衛生棉不到1小時就要換，或是出現如肝臟般的血塊等，原因的種類繁多，包括子宮肌瘤、子宮腺肌症等。

➡ **上述症狀持續2個月以上，就可能是身體出狀況的訊號，請前往婦產科就診。**

處方箋

藉中藥調理身體

借助自然的力量 提升身體底氣

中醫是透過提升身體的自癒能力以改善症狀，因此很適合不想對身體造成負擔的人。

中醫使用的藥物＝中藥，是藉由生藥之力提高免疫系統與荷爾蒙的運作，從而調理體質。在沒有特別指示的情況下都建議在生藥成分容易傳遞給腸內細菌的空腹時（飯前、兩餐之間）服用。

其中當歸芍藥散、加味逍遙散與桂枝茯苓丸都能夠有效改善月經不順，但是必須依症狀與體質選用，所以沒有明顯改善時請向醫師諮詢。

[婦科方面的中藥]

當歸芍藥散

可以促進血液循環、溫暖身體、排出體內多餘水分，有效改善身體冰冷、水腫、貧血、眩暈等症狀。當歸能夠提高免疫力，芍藥則具有擴張末梢血管的作用。

桂枝茯苓丸

經期時下腹部疼痛者適用。除了可促進血液循環，幫助經血排出之外，還能夠改善眩暈、肩膀痠痛、頭痛、情緒造成的臉部脹紅等，適合體力比較好的人。

加味逍遙散

有助於改善精神症狀，適合因強烈壓力而感到疲勞時。服用可讓身體充滿能量，緩解緊張，改善身體冰冷、情緒造成的臉部脹紅、心悸、失眠、頭痛與肩膀痠痛。

處方箋

排除不順的原因

GOOD

也可以試著藉由低劑量避孕藥，重置月經週期與經血量的問題（→P.151）。

逃避壓力以守護身體

女性荷爾蒙非常敏感，一旦遇到不安或壓力大時，分泌量馬上就會失衡。因此月經不順時，請先試著遠離壓力來源吧。包括人際關係、過勞、經濟方面的困擾……無法憑一己之力解決時，也可以找身旁的人商量。

此外也請避免過度減肥，1個月減輕的體重達1成時，月經隨時都有可能停止。因為身體感到危機時就會先暫停月經等與維繫生命無關的機能。

婦科症狀 04

不正常出血

● 何謂不正常出血

在非月經的時刻性器官卻出血，或者是在月經期間經血量過多或過少到誇張的地步、出血期間過長或過短，都屬於不正常出血的範圍。但是如果是排卵期前後的出血，通常不需要擔心。

● 原因

可能是子宮頸瘜肉※、子宮頸炎等造成的子宮出血，或是潰爛、紅腫等造成陰道或外陰部出血。此外也有可能是子宮癌、輸卵管癌、陰道癌、子宮肉瘤等惡性疾病。

● 症狀

① 運動或性行為等刺激造成出血

② 排便等用力後出血

③ 分泌物呈現紅至黑褐色

④ 在排卵期以外出現②～③的症狀

※子宮頸黏膜增殖造成的柔軟突起物。

[藉基礎體溫找出排卵日]

■ 一般波動圖

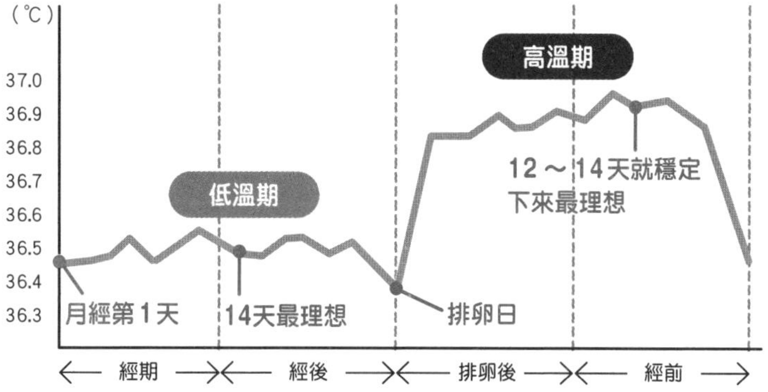
(℃)
37.0
36.9
36.8
36.7
36.6
36.5
36.4
36.3
高溫期
低溫期
12～14天就穩定
下來最理想
月經第1天
14天最理想
排卵日
經期
經後
排卵後
經前

MINI COLUMN

與一般波動圖不同！
可能的原因有哪些？

基礎體溫波動不符合上述的圖表時，可能是潛藏下列狀況。

[基礎體溫不穩定]
排卵障礙／自律神經失調

[高溫期長]
懷孕的可能性很高

[無高溫期]
無排卵月經

[低溫期長]
生殖功能低下

量體溫的重點

- 每天早上盡量在同時間測量
- 使用基礎體溫專用體溫計
- 用數據管理APP記錄
- 同時記錄身體狀況與相關事件

➡ 確認P.222的月曆式起伏檢視表

婦科症狀
05

分泌物異常

● 何謂分泌物？

這裡指的是子宮、陰道等所產生的分泌物混在一起的酸性液體，能夠滋潤陰道守護黏膜，避免雜菌侵入子宮內。為了讓精子順利通過，排卵期時會變成牽絲般的狀態，分泌量也會增加。

● 分泌物的產生機制

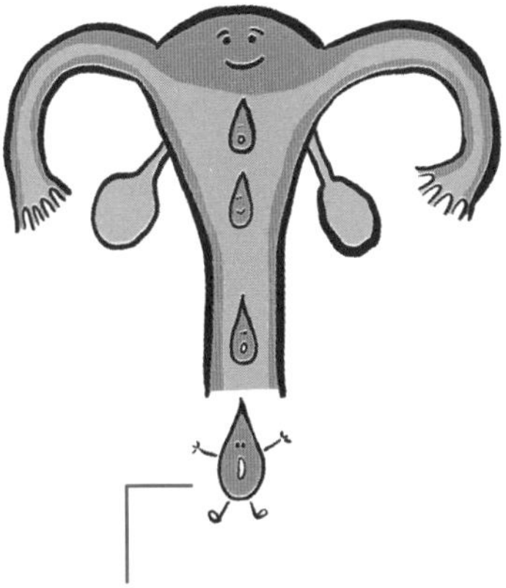

從子宮內膜、子宮頸、陰道等產生的分泌液混合而成。

[月經週期時的分泌物變化]

① 月經剛結束

【量】少
【氣味】略重
【黏稠度】清爽如水
【顏色】茶色～褐色

② 排卵期

【量】非常多
【氣味】淡
【黏稠度】猶如蛋白般黏稠
【顏色】透明

③ 排卵後

【量】少
【氣味】淡
【黏稠度】黏稠
【顏色】白濁

④ 月經前

【量】多
【氣味】略重
【黏稠度】黏稠
【顏色】白濁

[應留意的分泌物異常]

如茅屋起司般不斷流出 ➡

陰道念珠菌感染

陰道或外陰部會發癢的疾病，由於免疫力變差導致念珠菌增生所致。

黃至黃綠色且會冒泡&發臭 ➡

陰道滴蟲症

肉眼看不見的滴蟲跑進性器官，寄生在陰道等處所導致的疾病。不只會出現分泌物異常，陰道還會非常癢或是發炎。

白至黃色且量很多&膿狀 ➡

披衣菌感染

子宮入口會發炎的疾病，通常沒有自覺症狀。

婦科症狀 06

頻尿、漏尿

● 何謂頻尿、漏尿

1天正常的排尿次數為4～7次，整天達8次以上，半夜至少要起床上1次廁所就屬於頻尿。漏尿則分成打噴嚏等造成的「應力性尿失禁」，和無法認住忽然湧上的強烈尿意的「急迫性尿失禁」，以及這2種狀況均有的「混合性尿失禁」。

無論有沒有漏尿，經常感受到強烈尿意有可能是「膀胱過動症」，其中約有6成的人苦於「急迫性尿失禁」。

● 原因

「應力性尿失禁」的原因是支撐膀胱與尿道的骨盆底肌鬆弛，生產的影響、停經後的雌激素銳減，都可能使骨盆底肌無法正常運作。「急迫性尿失禁」則有可能是緊張或不安等心理壓力造成的。

[要留意這些症狀]

- ☐ 突然想上廁所，而且很難忍
- ☐ 早上起床至就寢之間去了8次以上的廁所
- ☐ 會因尿意醒來

➡ **膀胱過動症**

40歲以上的人不分男女，約每8人就有1人苦於此症狀。

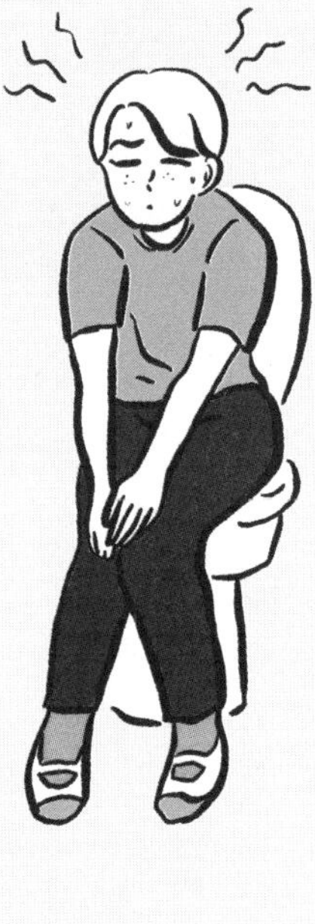

- ☐ 經常跑廁所
- ☐ 排尿時感到疼痛
- ☐ 會有殘尿感
- ☐ 尿液混濁

➡ **膀胱炎**

女性常見的疾病之一，據說每5個人就有1個人遇過。

➡ **一旦出現過一次就很容易復發，請儘早至泌尿科或婦產科就診。**

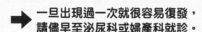

處方箋

改善漏尿！骨盆底肌鍛鍊

[隨時隨地都可以邊鍛鍊]

用縮緊肛門的感覺，使肛門、陰道與尿道用力。每天反覆縮緊⇒放鬆30～50次。

隨時都能鍛鍊骨盆底肌

骨盆底肌鬆弛造成漏尿時，只要鍛鍊骨盆底肌就能夠改善症狀。

做法相當簡單！只要縮緊陰道與肛門一帶的肌肉即可。用憋尿的感覺縮緊、放鬆陰道肌肉，就能夠鍛鍊骨盆底肌。

無論是上班通勤時還是等紅燈時，隨時隨地都可以進行這種運動。

此外鍛鍊骨盆底肌的同時也會鍛鍊到深層肌肉，因此有助於改善姿勢與腰痛，堪稱一石二鳥，請積極執行吧。

[在廁所進行憋尿鍛鍊]

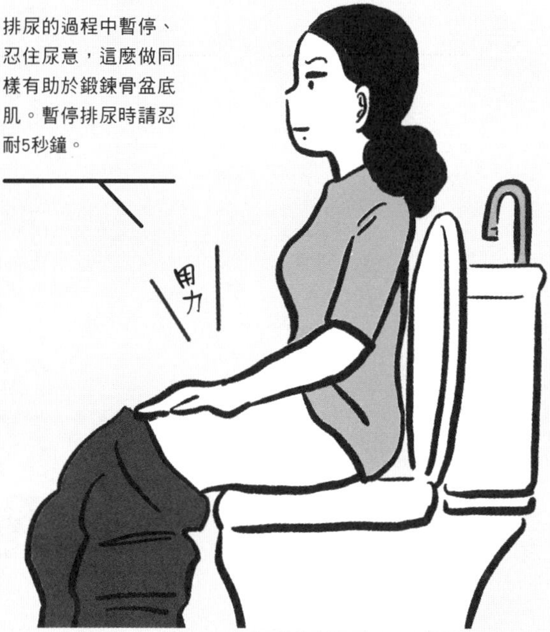
排尿的過程中暫停、忍住尿意，這麼做同樣有助於鍛鍊骨盆底肌。暫停排尿時請忍耐5秒鐘。
用力

MINI COLUMN

骨盆底肌是指哪一處肌肉？

指的是骨盆底（恥骨～尾骨）的肌肉，能夠將膀胱、子宮、直腸等保持在正確的位置，縮緊尿道防止漏尿。鍛鍊骨盆底肌能夠使體幹更紮實，姿勢會變得正確，血液循環也會變好，有助於提升代謝！

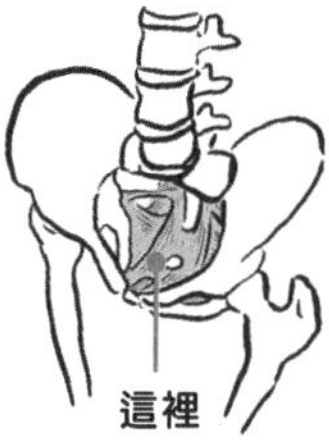
這裡

婦科症狀
07

懷孕或生產問題

● 懷孕中的荷爾蒙變化

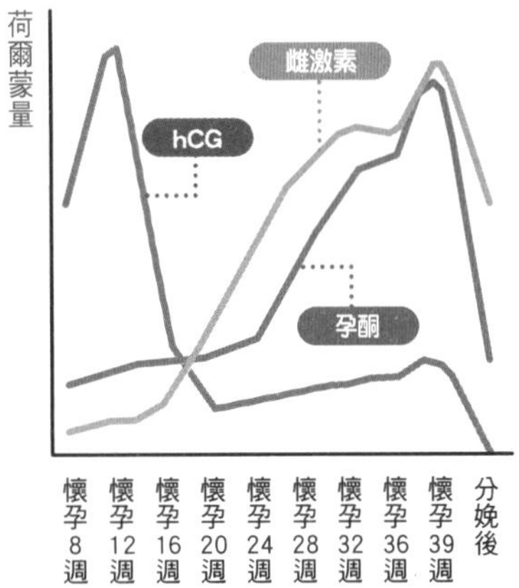

荷爾蒙量
雌激素
hCG
孕酮
懷孕8週
懷孕12週
懷孕16週
懷孕20週
懷孕24週
懷孕28週
懷孕32週
懷孕36週
懷孕39週
分娩後

hCG是懷孕初期大量分泌的荷爾蒙，具有維持懷孕的功能。hCG的分泌以8～12週為巔峰，之後就會慢慢減少。由於這段期間與害喜的時期重疊，也有人認為hCG就是造成害喜的一大因素。

● 原因

懷孕與生產時期會造成女性荷爾蒙急遽變動，引發各種不適。以害喜來說，目前原因仍眾說紛紜，有人認為是名為hCG的荷爾蒙急遽增加刺激腦部所致，有人認為是精神壓力打亂自律神經所致，尚未解明確定的原因。

[懷孕中的母體變化]

	狀態	變化
初期（0～15週）		●4～7週：出現倦怠、脹奶、想吐等症狀 ●8～11週：膀胱與直腸遭到壓迫，出現頻尿等症狀，害喜愈來愈嚴重 ●12週之後：害喜症狀減輕
中期（16～27週）		●16～19週：身體狀況漸趨穩定，開始能夠感受到嬰兒的「胎動」 ●20～23週：子宮變大，開始出現水腫、發麻與腰痛等問題 ●24～27週：出現貧血、便祕、痔瘡等問題
後期（28～35週）		●28～31週：四肢明顯水腫，也會有胃脹的問題 ●32～35週：胃部受到壓迫，出現胃悶與食慾不振等問題，還會有心悸、呼吸困難、頻尿、漏尿等問題
臨盆（36～39週）		●頻繁胃脹。但是胃悶、心悸與呼吸困難的問題減輕

處方箋

順從身體的訊號

[引發害喜的機制]

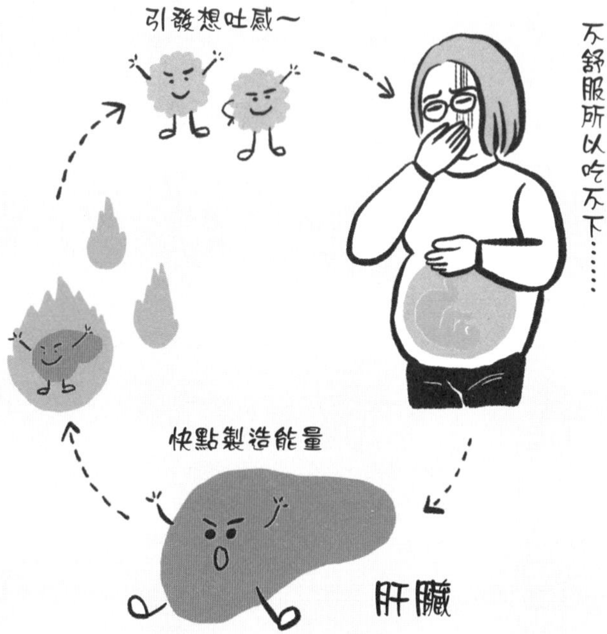

補充葡萄糖 以緩和止不住的想吐感

害喜讓人無法正常進食時容易葡萄糖不足，肝臟便會開始用積蓄的脂肪製造能量。這時候製造出的殘渣「酮體」如果過度增量，就會引發想吐的感覺。

要預防這樣的負面循環，就必須避免葡萄糖用罄。適度攝取水果、碳水化合物等吃得下去的食物吧。吃糖果也沒問題！害喜的巔峰差不多是懷孕第12週，只要撐過去再恢復營養均衡的飲食即可。

[枕邊常備食物]

N G

空腹時想吐的感覺會
更嚴重，所以要避免
產生空腹的空檔！

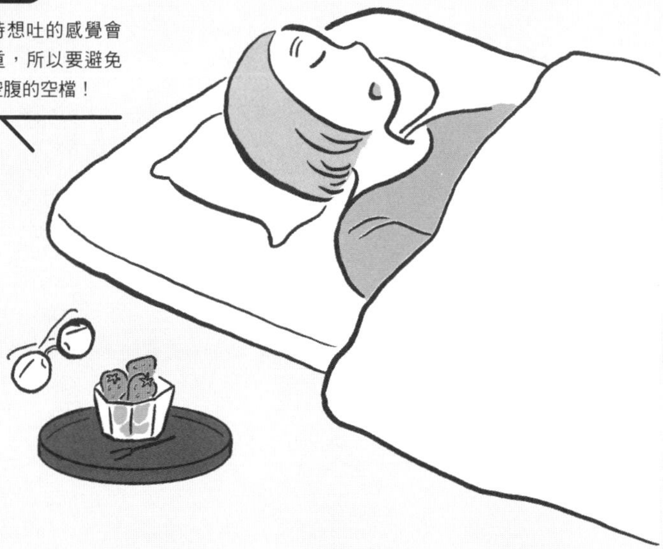

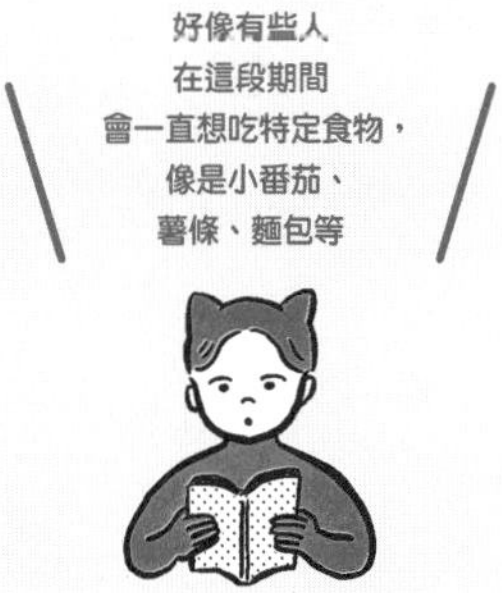
好像有些人
在這段期間
會一直想吃特定食物，
像是小番茄、
薯條、麵包等

MINI COLUMN

也有導致暴飲暴食的害喜

害喜的狀況因人而異，有些人一空腹就覺得想吐，所以必須持續進食。

婦科症狀

08

產後問題

● 產後的荷爾蒙變化

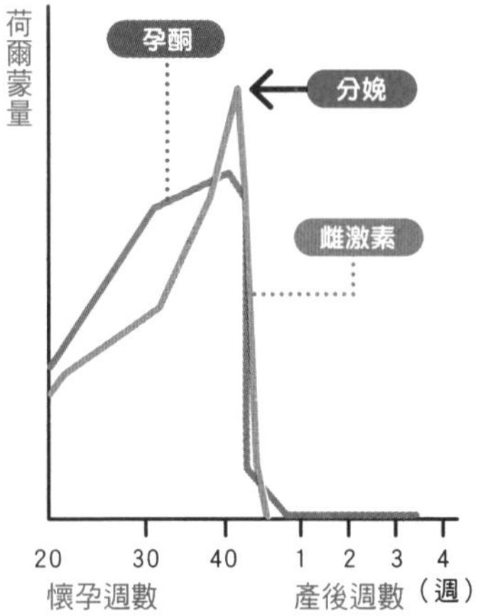

荷爾蒙量
孕酮
分娩
雌激素
20
30
40
1
2
3
4
懷孕週數
產後週數（週）

懷孕期間努力工作以維持懷孕狀態的雌激素與孕酮，分泌量會在分娩後一口氣減少。過大的荷爾蒙波動也會影響自律神經，造成各式各樣的身心狀況。

● 原因

剛分娩後，讓心靈積極的雌激素銳減，內心會大受影響。一般來說10天左右就會改善，但有些人卻會維持數個月情緒鬱悶的狀態。由於生產的影響，體力見底、骨盆也會變寬，全身上下都飽受摧殘。

[重度產後憂鬱與輕度產後憂鬱的差異]

重度產後憂鬱

- 無精打采
- 容易覺得焦慮或緊張
- 認為自己沒資格當媽媽
- 缺乏食慾，容易疲倦
- 產後2週以上症狀仍沒有好轉

輕度產後憂鬱

- 情緒不穩定
- 煩躁
- 專注力變差
- 失眠
- 產後10天左右症狀就減輕了

處方箋

不要孤零零的一個人

不要客氣 多依賴親朋好友

產後因為雌激素減少，心靈很容易陷入不穩定的狀態。

輕微的產後憂鬱若沒有照顧好的話，可能會演變成重度產後憂鬱，讓嚴重的精神症狀遲遲無法復原。所以覺得快被不安或煩惱壓垮時，請與另一半或雙親等親近的人商量吧。

有些人面對親近的人反而無法說出煩惱……這時不妨與同時期去婦產科的其他媽媽共享困擾，或是尋求地方政府的支援服務。請不要獨自苦惱，要為自己安排能夠轉換心情的時間。

處方箋

藉骨盆伸展操恢復肌力

NG

覺得疼痛或不舒服時就要暫停，剖腹產的人應先諮詢過醫師再進行。

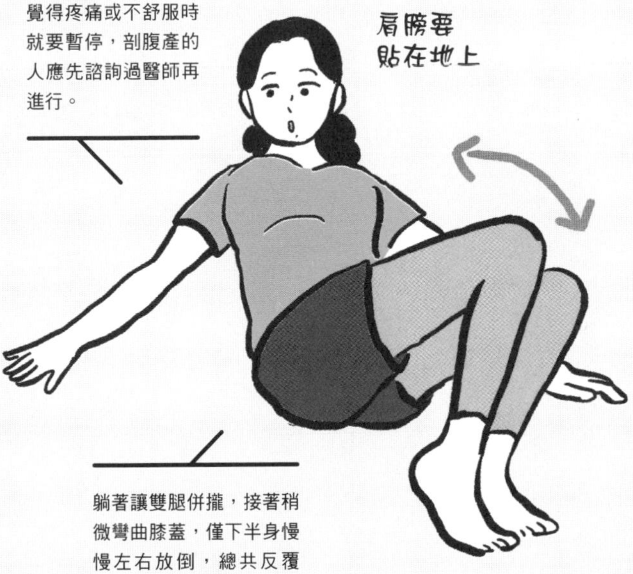

躺著讓雙腿併攏，接著稍微彎曲膝蓋，僅下半身慢慢左右放倒，總共反覆5～10次。

藉負擔較輕的運動鍛鍊骨盆底肌

生產會造成骨盆與骨盆底肌鬆弛，放著不管容易引起腰痛與漏尿等問題。有些人會在產後的1個月間穿戴骨盆護腰帶等，但全都依賴這些護具會造成肌力衰退，要特別留意。

產後超過3週之後，不妨藉由能夠躺著進行的骨盆伸展操鍛鍊骨盆底肌吧。這個運動除了能夠促進血液循環、緩和腰痛之外，還能夠加快子宮與陰道的恢復速度，改善下半身水腫與便祕問題。只要在能力範圍內，依自己的身體狀況慢慢鍛鍊就行了。

婦科症狀 09

不孕

●何謂不孕症

身體健康的男女在沒有避孕的情況下進行性行為，卻達一年都沒有懷孕，就符合一般定義的不孕症（日本婦產科學會）。近年由於考慮懷孕的年齡提升，因此愈來愈多已過懷孕適齡期※的夫妻面臨不孕困擾。

●原因

女性不孕的原因，包括沒有排卵、輸卵管因發炎等因素堵塞、子宮頸黏液不足使精子難以通過、子宮肌瘤等疾病導致受精卵無法著床等。男性則有精子數量偏少、精子活動力不佳、曾經因炎症導致輸精管堵塞等。男女共通的原因則包括年齡增長導致卵子與精子的品質變差、壓力造成活性氧增加等。根據WHO的調查，不孕原因的男女比例為「僅女性：41%」、「僅男性：24%」、「雙方都有關係：24%」。

※適合懷孕、生產的時期。一般來說在25～35歲前後。

處方箋

備孕入門 就從婚前健檢開始

透過檢查 了解身體狀況

打算懷孕時首先請考慮做個婚前健檢吧。聽到婚前健檢這個名詞，會誤以為是準備結婚的人才要接受的檢查，但是其實這與有沒有要結婚無關，只要是未來打算懷孕的女性，任誰都可以接受檢查。

檢查內容包括「問診」、「內診」、「血液檢查」等，詳細檢查項目與費用依醫院而異，建議各位事前查好詳細的檢查內容後再接受檢查。

[檢查流程與內容]

男性

❶ 問診

↓

❷ 精液檢查

檢查精液與精子的量及狀態，確認是否有機會自然懷孕。此外有些醫院會提供尿液檢查、確認是否有性病等。

女性

❶ 問診

先在問診表格填寫初經年齡、最近一次月經的開始日、是否有疾病等，建議事前用APP等記錄月經週期等相關事項。

↓

❷ 內診

檢查陰道、子宮、卵巢狀態，還會透過超音波檢查及分泌物檢查等，確認是否有子宮內膜異位症或性病。

↓

❸ 血液檢查

不只會檢查是否有婦科相關疾病，也會檢查是否有B型、C型肝炎等可能經由母子垂直感染的疾病。

用心打造適合卵巢的生活

[應留意的7項要件]

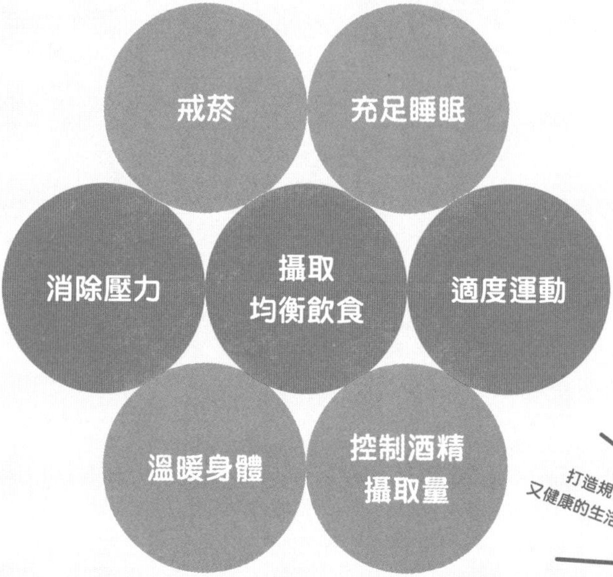
戒菸
充足睡眠
消除壓力
攝取均衡飲食
適度運動
溫暖身體
控制酒精攝取量

打造規律又健康的生活吧！

想要保護卵巢就要避免增加活性氧

據說體內的活性氧（65頁）過度增加時，會傷害卵巢造成不孕。

讓活性氧增加的原因五花八門，所以要特別留意。此外屬於睡眠荷爾蒙的褪黑激素具有消除活性氧的功能，因此充足的睡眠也非常重要。請積極攝取富含維生素A、C、E與β-胡蘿蔔素等抗氧化成分的食材。

最後也請養成測量基礎體溫的習慣，別錯過有助於懷孕的時機。

處方箋

認識不孕症的相關治療

[不孕治療的種類]

排卵期預測法	人工授精	體外受精
為了提高懷孕機率，挑選容易懷孕的時機進行性行為。	採集男性的精子直接送進子宮，以增加懷孕機率的治療法。	分別從女性與男性身上採集卵子與精子後，再將人工受精過的卵子放回子宮。
【費用】只需要接受醫師指導，可以選擇保險理賠的治療內容。	【費用】保險不理賠，需要1～3萬日圓。	【費用】保險不理賠，需要20～50萬日圓。

不孕治療愈早開始愈好

現今有不少人過了懷孕適齡期後，才開始追求懷孕。據說現在每5～6對夫妻就有1對接受過不孕治療。

儘管如此，卻依然有許多女性獨自苦惱著不孕問題，例如：「是否得花費昂貴的治療費？」「丈夫不願意體恤。」

但是據信不孕治療愈早開始，成功懷孕的機率愈高，治療期間也愈短。所以請先到婦產科或不孕門診諮詢一下吧。

婦科症狀 10

更年期障礙

●何謂更年期障礙

停經的前後各五年期間稱為更年期，這段期間女性荷爾蒙會急遽減少，導致身心出現各種症狀。若症狀非常嚴重，甚至對日常生活造成阻礙時，就稱為更年期障礙。

●原因

當卵巢的功能隨著年齡增長變差後，就算腦部（下視丘）下達「釋放女性荷爾蒙」的指令，也會無法順利分泌。這樣一來腦部會產生混亂，甚至對自律神經造成影響。這些混亂會引發各式各樣的症狀。

●症狀

①身體發燙
②臉部發燙
③眩暈
④心悸
⑤煩躁
⑥消沉
⑦失眠

等相當繁多

[引發更年期障礙的機制]

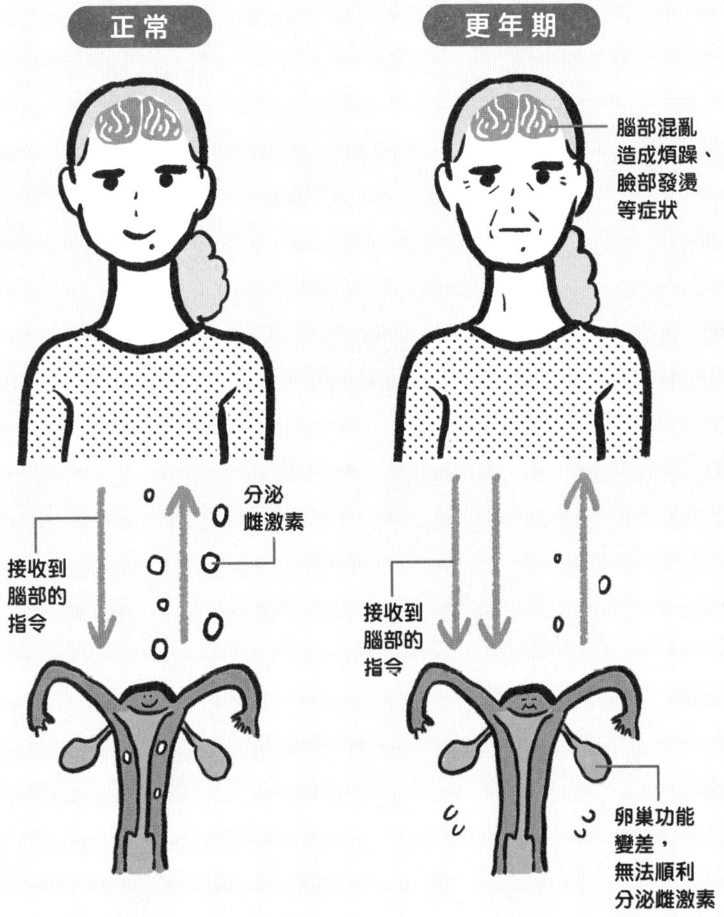
正常
更年期
腦部混亂
造成煩躁、
臉部發燙
等症狀
分泌
雌激素
接收到
腦部的
指令
接收到
腦部的
指令
卵巢功能
變差，
無法順利
分泌雌激素

處方箋

借助中藥等的力量

[有效對抗更年期障礙的5大中藥]

● 所有不適

加味逍遙散

除了調整自律神經讓心靈平靜外，還可以促進血液循環。能有效改善臉部發燙、肩膀痠痛、不安或煩躁等。

● 缺乏體力的人

當歸芍藥散

適合體力變差且因貧血等容易疲憊的人，可有效改善眩暈、水腫、頭痛、肩膀痠痛、心悸等症狀。

● 體力還很好時

桃核承氣湯

能夠改善氣滯或血液循環不良造成的症狀，包括臉部發燙、便祕、頭痛、肩膀僵硬、不安、失眠等。

● 身材壯碩者

桂枝茯苓丸

可促進血液循環，緩和臉部發燙、頭痛、肩膀痠痛、眩暈、身體冰冷等症狀。

● 精神亢奮者

抑肝散

可緩和情緒高漲，以及難以停止的煩躁、易怒、失眠等神經過敏造成的亢奮與緊張。

接受更年期障礙治療 不必強行忍耐

以前都會將更年期障礙視為單純的歇斯底里之類，不會特別施加治療，但是現在已經確立了從根本解決問題的治療法，將其視為女性保健的一大環節。

更年期障礙的治療包括了荷爾蒙補充療法※、胎盤素療法和中藥等。

會配合各種症狀與體質搭配生藥的中醫，非常適合治療症狀因人而異的更年期障礙，而且也能夠搭配荷爾蒙補充療法運用。

※補充隨著年齡增長而減少的雌激素。雖然正在治療子宮頸癌或曾罹患乳癌者不能使用，但是據說對潮熱等症狀相當有效。

處方箋

1天1杯豆漿

身體或臉部發燙！

黑芝麻 × 香蕉 × 豆漿

材料

- 無調整豆漿……200mℓ
- 黑芝麻粉……1大匙
- 香蕉……1根

作法

將搗碎的香蕉與豆漿倒入耐熱杯，用微波爐（500W）加熱約1分半鐘，最後再拌入黑芝麻粉就完成了！

整頓女性荷爾蒙

黑芝麻 × 黃豆粉 × 豆漿

材料

- 無調整豆漿……200mℓ
- 黑芝麻粉……1大匙
- 黃豆粉……1大匙
- 蜂蜜……適量

作法

將豆漿倒入耐熱杯，用微波爐（500W）加熱約1分半鐘，接著加入黑芝麻粉與黃豆粉拌勻，甜度則以蜂蜜調整。

藉大豆異黃酮消除更年期的煩惱

雌激素會在更年期慢慢減少，心靈很容易變得煩躁，這時請喝杯豆漿冷靜一下吧。

豆漿等大豆製品中含有大豆異黃酮，由於這種成分的分子構造非常類似雌激素，所以身體會將其誤認成雌激素並逐漸平靜下來。

再搭配富含血清素的原料「色胺酸」的香蕉、具抗氧化作用的黑芝麻等，進一步提升豆漿的效果吧！

停經周邊期障礙

●何謂停經周邊期障礙

35～45歲之間的「停經周邊期障礙」，指的是雌激素沒有低下卻出現類似更年期障礙的身體不適。20多歲就發生相同症狀時，又稱為「年輕型停經周邊期障礙」。

●原因

一般認為主因是壓力等造成自律神經失衡，自律神經與女性荷爾蒙一樣，都會在接收到下視丘的命令後分泌，所以下視丘承受壓力時會導致兩者一起混亂，才會引發各式各樣的不適症狀。

●症狀

①臉部發燙
②心悸
③身體冰冷
④頭痛
⑤煩躁
⑥不易入眠
⑦月經不順

等相當繁多

[引發停經周邊期障礙的機制]

因為精神方面的壓力、生活不規律等擾亂自律神經後，就會出現與更年期障礙相同的症狀。

婦科症狀 12

停經

何謂停經

指卵巢的活動不斷衰退，最後終止活動並且完全沒有月經。月經沒來達12個月，就可以認為是已經停經。女性的平均停經年齡約50歲，較早的人45歲前就會停經，較晚的人會在55歲之後停經。

原因

女性體內約有200萬顆原始卵泡※，在進入青春期・生育年齡時，已經自然消滅約20～30萬顆，接著會以每個月約1000顆的速度消失。到了迎來更年期的40歲後期至50歲中旬時會趨近於0，這時就會停經。

症狀

① 更年期障礙
② 骨質疏鬆
③ 肌膚失去光澤
④ 頭髮變稀疏
⑤ 容易發胖
⑥ 血壓升高

※卵子的原型，存在於卵巢中，並在荷爾蒙等的影響下階段性成長為成熟卵泡，破裂後其中一部分會化為卵子排出卵巢外，稱為排卵。

[停經來臨時的月經模式]

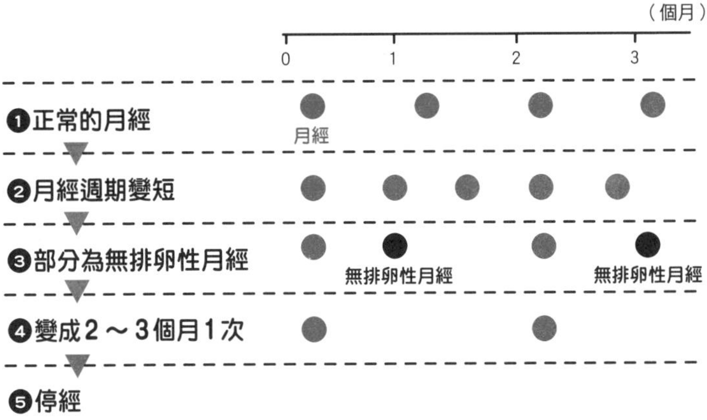

（個月）
0
1
2
3
❶正常的月經
月經
❷月經週期變短
❸部分為無排卵性月經
無排卵性月經
無排卵性月經
❹變成2～3個月1次
❺停經

原本每個月會在固定週期到來的月經，週期變短或變成無排卵性月經後，就會慢慢變成2～3個月1次，最終過了12個月都沒有來的話，就稱為停經。但是邁向停經的過程因人而異，甚至有些人回過神才發現自己停經了。

MINI COLUMN

停經後容易發生的疾病

停經會造成雌激素銳減，骨骼、血管、黏膜都會變得脆弱，進而造成下列這些風險提高：

- 骨質疏鬆症
- 動脈硬化
- 腦梗塞
- 心肌梗塞
- 萎縮性陰道炎

所以停經期應重新審視飲食習慣，生活中也要保持散步、伸展操等適度運動。

年老不是只有
肌肉會衰退
而已呢

必須適度運動
並重新審視
生活習慣
才能夠避免生病喔

處方箋

改善飲食以預防疾病

[清血食材]

茶

茶的澀味成分兒茶素，能夠預防血液氧化並降低膽固醇值與血糖值。

魚

秋刀魚、竹筴魚等青背魚富含DHA與EPA，DHA能幫助血管更有彈性，EPA則可預防血栓。

海藻

海藻的海藻酸具有能夠抑制血糖急遽上升並妨礙膽固醇吸收的作用。

納豆

納豆激酶除了有助於溶化血栓外，豐富的維生素B_{12}還能預防貧血。

醋

醋或梅乾中的檸檬酸，能夠預防身體凝聚過多血小板造成血栓。

菇類

菇類特有的β-葡聚醣能夠活化白血球等，提高免疫力。

蔬菜

胡蘿蔔、青椒等黃綠色蔬菜富含抗氧化成分，能夠預防動脈硬化。

蔥

蔥類等特有的香味成分大蒜素，除了能夠殺菌外，還有助於提高血液循環，避免血栓形成。

藉由食材預防血管老化

雌激素對於女性來說，就像是「護身荷爾蒙」。停經讓身體失去雌激素後，身體會不斷老化，包括骨骼與血管都會變脆弱、代謝變差、陰道黏膜萎縮等等。

其中應特別留意的就是動脈硬化。脂質代謝低下，讓壞膽固醇容易累積在血管中，會招致嚴重的疾病。

所以停經後請積極攝取具清血功能的茶、魚、海藻、納豆、醋、菇類、蔬菜、蔥等食材吧。

處方箋 03

享受全新人生

將人生的折返點
更年期變成幸福期！

對停經抱持著「失去女性象徵」這種負面印象就太可惜了！現在是百歲時代，50歲僅是人生的折返點。為了獎勵努力至今的自己，接下來請為自己的幸福去活吧。

停經代表不再受月經帶來的不適感與症狀影響，也沒必要再因為經期而調整行程。只要掌握停經後身體容易發生的風險，適度攝取營養，就能夠盡情享受人生的新階段，活得開心又自由。

EXPERIENCE NOTE.03

LET'S TRY!

婦產科體驗記

原本因為害羞而逃避去婦產科的保奈美小姐，
終於決定鼓起勇氣接受婦產科的檢查！

體驗者

保奈美小姐

我一直以來都因為生活忙碌而忽視婦產科檢查，但是最近同年的親友們紛紛罹患婦科疾病，讓我覺得不能再拖延下去了。據說30歲之後容易罹患子宮頸癌，所以我想得好好檢查一次才行，這次便決定到婦產科檢查一下。

CHECK

【檢查的內容？】

檢查是否有子宮頸癌

我接受了子宮頸癌檢查，並透過超音波確認子宮與卵巢的狀態。有些醫院還有提供血液檢查與尿液檢查等選項，內容五花八門。

【檢查費用？】

10000日圓

費用依醫院而異。朋友告訴我如果只檢查子宮頸癌的話，可以選擇地方政府的專案，從免費到2000日圓都有。

【要做好哪些準備？】

- 穿裙子比較方便檢查
- 事前多方比價
- 不知道如何選擇醫院時，可以查查評價或是請親友介紹她去的醫院

[檢查流程]

①

填寫問診表格

在候診間填寫問診表格，包括月經週期、最近的月經狀況、是否經痛、是否曾懷孕過、身體狀況等。

②

坐上診療台

進入診間後，院方仔細確認了問診表格的內容，並指示我脫掉內褲，坐在檢查專用的椅子上。

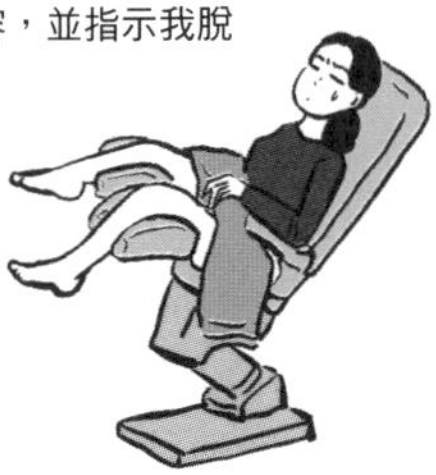

③

採取檢體

坐在椅子上時，雙腿會隨著升高的座面打開，讓我不禁笑了出來。這時醫師伸入了擴張陰道的器具，並採集子宮頸部的細胞，但沒有感覺到疼痛。

④

內診

醫師會將手指伸入陰道，另一隻手會貼在腹部確認子宮與卵巢的狀態。

⑤

超音波檢查

醫師將直徑2cm左右的探針伸入陰道，並藉超音波將子宮與卵巢狀態即時顯示在螢幕上，結果發現：「這裡有個小小的肌瘤，之後每年檢查1次追蹤一下吧。」

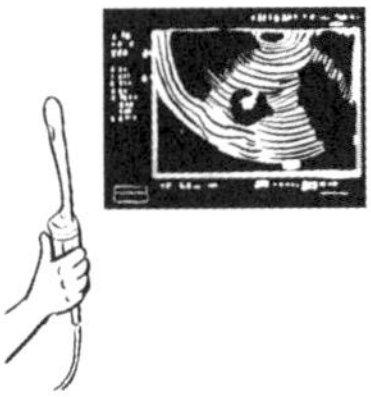

⑥

等候結果通知

1週後結果出爐——沒有子宮頸癌。雖然有點擔心肌瘤，但是醫師說肌瘤很小不必多慮，讓我鬆了口氣～！

COLUMN

事後避孕藥很恐怖嗎？

事後避孕藥是為了避免避孕失敗或預料外懷孕的緊急措施，服用後會增加受精卵的著床難度，雖然效果並非100%，但有相當高的機率可以避免懷孕。這種緊急避孕藥在歐美相當普及，一般藥妝店就買得到。一想到萬一發生非預期的懷孕，最後不得不做墮胎手術的話，就會覺得事後避孕藥對身心的風險低多了吧。

● 事後避孕藥的服用方法

NorLevo只要在性行為後72小時內服用1次即可。Yuzpe法要在性行為後72小時內服用1次，12小時後再服用第2次。

● 哪裡買得到？

日本一般藥局並未販售，必須由婦產科開立處方。社群網站等銷售的事後避孕藥含假貨，請避免購買。

● 事後避孕藥的種類

[Yuzpe法]

透過調整月經時間的中劑量避孕藥來避孕的方法。避孕率低於NorLevo，也會出現想吐等副作用，因此愈來愈少診所開立。

[NorLevo]

日本唯一認可的緊急避孕藥，副作用比Yuzpe法少，有極少數案例會出現想吐、頭痛與倦怠感等症狀。

CHAPTER

4

For lady

應該了解的女性疾病

EPISODE.05

婦產科檢查要趁早

姊妹回老家
啊，妳在看相簿啊。
回憶
這是瑠璃剛出生時嗎？
媽媽好年輕喔——！
當時就是姊姊現在的年紀吧？
閃耀
呃
媽媽我在保奈美這個年紀時……
咕嚕咕嚕
保奈美8歲，瑠璃0歲。
妳說了不該說的話…
咚！
妳們沒有遇到好對象嗎？
我不小心的…
咚！

嗯～畢竟我現在工作很充實。
我也過得還不錯～
捏～
算了，妳們兩個健康快樂就好，不過啊……
可得定期上婦產科檢查才行。
我有去喔。
咦？
是說……乳房攝影術那些不是很痛嗎？
好可怕～
我也有做健康檢查了……
呀—
不去不行！
咦——連琉璃都？

婦科疾病

必須透過定期健檢預防並早期發現

女性荷爾蒙的分泌量會隨著人生階段產生大幅變動。進入青春期後，卵巢會開始分泌雌激素，性功能在20多歲發育完成後，25～30歲期間雌激素的分泌量會達到巔峰，接著就會慢慢減少，45歲後進入更年期，分泌量就會急遽下降，到了幾乎不分泌的50多歲時進入停經……。

荷爾蒙的分泌量變化，與女性特有的疾病有密不可分的關係。有好發於分泌量較大時期的疾病，也有急遽減少時期才會出現的不適與疾病，當然還有不分泌後導致的疾病，可以說女性在各個時期都背負著患病的風險。因此平常藉由子宮頸癌檢查（20歲以上，一年1次）、乳癌檢查（40歲以上，兩年1次）與全身健康檢查，努力做好預防工作並及早發現是相當重要的。

有各式各樣的
種類喔！

[一般婦產科的檢查種類]

乳房攝影術

用塑膠板夾平乳房後拍X光，能夠發現視診與觸診無法確認的腫瘤或鈣化乳癌。

乳房視診與觸診

醫師會用肉眼觀察乳房是否有凹陷處，並用手觸摸確認是否有腫塊或淋巴結腫大，此外也會檢查乳頭是否有分泌物等。

子宮體癌檢查

會以專用刷具等從陰道深入子宮，採集子宮內膜的細胞後，用顯微鏡確認是否有異常。有異常時就要進一步檢查內膜組織。

乳腺超音波檢查

用超音波抵在胸前，透過回傳的超音波形確認是否有異常。乳房攝影術無法清楚顯現的腫瘤，也能透過超音波確認是良性還是惡性。

陰道超音波檢查

將細細的超音波器具（探針）伸入陰道，透過回傳的超音波檢查子宮與卵巢的狀態，可以詳細觀察子宮肌瘤、子宮內膜異位症、卵巢囊腫等疾病。

子宮頸癌檢查

會以專用刷具等從陰道深入子宮頸輕微摩擦，再用顯微鏡觀察採取的細胞中是否含有癌細胞。月經期間無法檢查。

每個醫院的
檢查內容與金額
都不同！

＼ 身心波動會伴隨一生？ ／

女性的生命階段與疾病

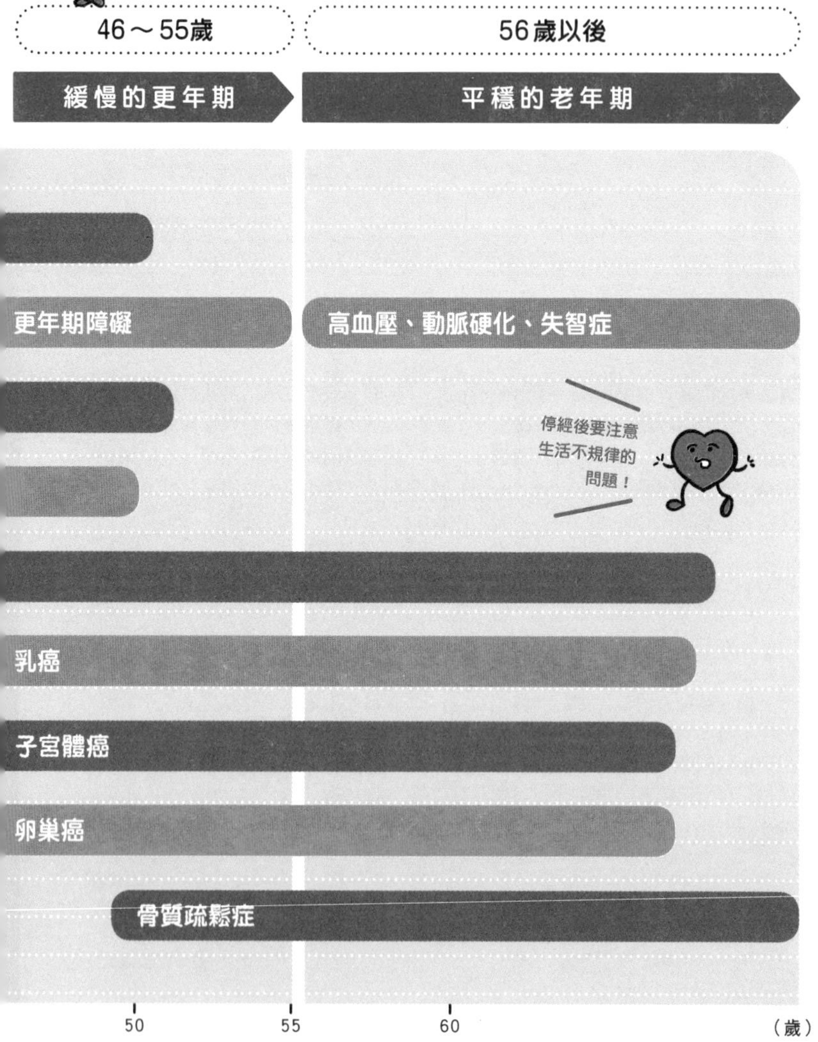
46～55歲
56歲以後
緩慢的更年期
平穩的老年期
更年期障礙
高血壓、動脈硬化、失智症
停經後要注意
生活不規律的
問題！
乳癌
子宮體癌
卵巢癌
骨質疏鬆症
50
55
60
（歲）

雌激素分泌量遽增與銳減的時期，
容易罹患的疾病各異。認識各時期
風險較高的疾病，就有助於預防。

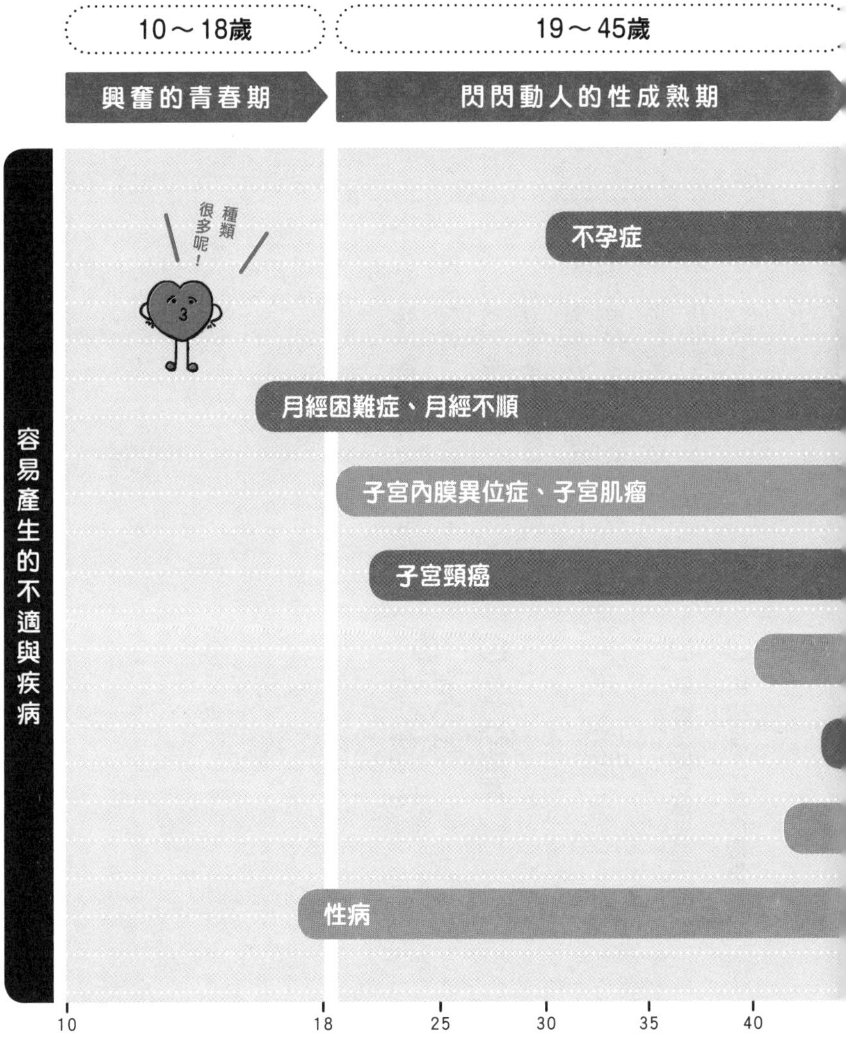
10～18歲
19～45歲
興奮的青春期
閃閃動人的性成熟期
容易產生的不適與疾病
種類很多呢！
不孕症
月經困難症、月經不順
子宮內膜異位症、子宮肌瘤
子宮頸癌
性病
10
18
25
30
35
40

婦科疾病 01

性病

這是什麼疾病？

性病是透過性行為感染的疾病，包括披衣菌感染與淋病等，種類相當繁多。感染以後尿道、陰道、喉嚨、皮膚等處會發炎，有時還會伴隨著發燒。此外感染HIV等還會造成免疫力低下。

原因

口腔或性器官的黏膜、皮膚等在性行為中，接觸到含有病原體的精液、陰道分泌液或是血液等就會感染。有些感染症會挑在因壓力導致免疫力變差時發作，也有案例是因為家人之間共用毛巾等傳染。

預防方法

① 性行為前後要淋浴
② 使用保險套

檢查方法

① 到醫院接受檢查
② 用檢查kit進行檢查

[代表性的性病與症狀]

披衣菌感染

症狀

- 自覺症狀少
- 分泌物為白至黃色，量多且像水一樣

病因是名為披衣菌的微生物，會感染子宮頸、喉嚨深處，通常沒有自覺症狀，因此有些人會到產檢時才發現。有時也會引起輸卵管發炎或造成不孕症等。

念珠菌感染

症狀

- 陰道或外陰部強烈發癢或疼痛
- 猶如酒粕、優格狀的分泌物

由念珠菌引發的感染，有時會因性行為感染，但是念珠菌是陰道本來就有的常在菌，因此通常是因為免疫力變差導致念珠菌增生才發作。

性器官疱疹

症狀

- 外陰部或陰道強烈疼痛
- 水泡或潰爛
- 發燒

由疱疹病毒引發的疾病，會感染皮膚或黏膜。女性感染後外陰部或陰道會出現強烈疼痛，有時還會有排尿疼痛、步行困難、發燒等症狀，每逢免疫力低下就會復發。

淋病

症狀

- 有時不會出現自覺症狀

名為淋菌的細菌造成的疾病，女性通常沒有症狀。但有症狀時會出現分泌物增加、不正常出血等狀況，放著不管會使病原菌在骨盆內擴散，進而導致腹膜炎。

梅毒

症狀

- 感染部位出現腫塊
- 大腿根部發腫
- 喉嚨腫脹或掉髮

名為梅毒螺旋體的細菌所造成的疾病，初期感染部位會出現腫塊，隨著時間流逝逐漸產生其他症狀。末期時心臟等部位會出現嚴重障礙。

婦科疾病 02

子宮內膜異位症

● 這是什麼疾病？

子宮內膜異位症，是子宮內膜組織在子宮以外部位增殖的疾病，會與周遭組織沾黏造成疼痛。子宮內膜異位症發生在卵巢時，稱為「巧克力囊腫」。

● 原因

子宮內膜異位症的原因眾說紛紜，至今仍未解明。但是從症狀會隨著月經次數加劇的情況來看，可推測應與女性荷爾蒙有關。通常會在20～30多歲時發病，一般認為巔峰在30～34歲。

● 症狀

① 劇烈經痛
② 在非經期時下腹疼痛
③ 在非經期時腰痛
④ 排便疼痛
⑤ 性交疼痛
⑥ 不孕

[子宮內膜異位症的機制]

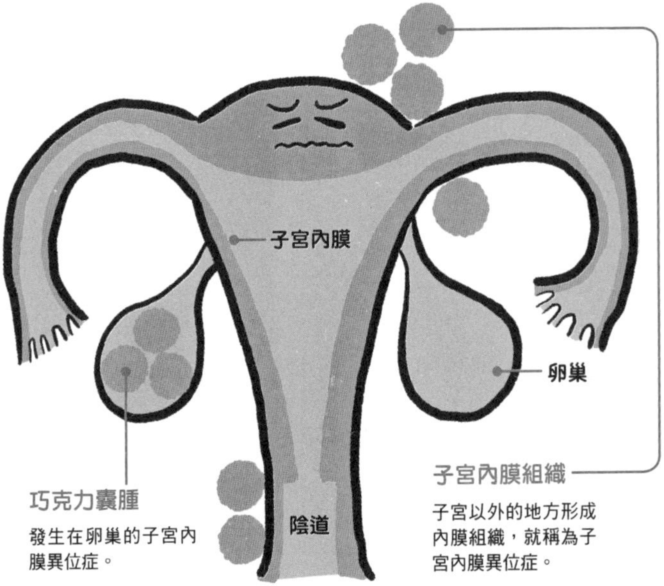
子宮內膜
卵巢
陰道
巧克力囊腫
發生在卵巢的子宮內膜異位症。
子宮內膜組織
子宮以外的地方形成內膜組織，就稱為子宮內膜異位症。

※在卵巢形成的袋狀腫瘤稱為「卵巢囊腫」，幾乎都是良性，但也有少數惡性。

●檢查方法

子宮內膜異位症必須透過手術確診，但是實際上仍會以手術以外的方法進行臨床診斷。檢查方法包括①問診、②內診、③超音波檢查、④血液檢查，必要時會加上⑤MRI。

●應對法

不需要手術時，會先服用荷爾蒙藥物等進行追蹤。

婦科疾病 03

子宮肌瘤

這是什麼疾病？

子宮肌肉生成的腫瘤，雖然是肌肉異常繁殖所形成，但是並非惡性腫瘤。包括往子宮內腔生長的黏膜下肌瘤、肌層內生成的肌層內肌瘤，還有外側形成的漿膜下肌瘤，約有20～30％的女性有子宮肌瘤的問題。

原因

目前尚未解明形成肌瘤的機制，有人認為是天生的肌瘤肉芽慢慢長大，有人則認為是能夠變化成各種細胞的子宮肌層幹細胞發展成肌瘤細胞。目前已知肌瘤生長與雌激素有關。

症狀

① 月經過多／貧血
② 經痛
③ 頻尿／便祕等

檢查方法

① 超音波檢查
② MRI檢查

[子宮肌瘤的種類與機制]

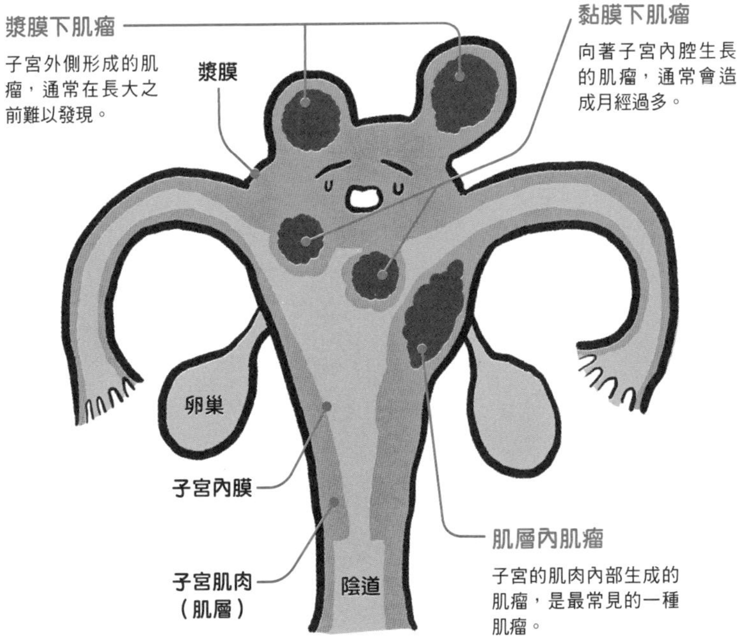
漿膜下肌瘤
子宮外側形成的肌瘤，通常在長大之前難以發現。
漿膜
黏膜下肌瘤
向著子宮內腔生長的肌瘤，通常會造成月經過多。
卵巢
子宮內膜
子宮肌肉（肌層）
陰道
肌層內肌瘤
子宮的肌肉內部生成的肌瘤，是最常見的一種肌瘤。

● 預防方法

① 平常就要多觀察經痛與經血的狀態

● 應對法

肌瘤較小且無症狀時不需要治療，長太大時則會藉由手術切除。尚不需要手術時，治療方法包括利用荷爾蒙藥物控制女性荷爾蒙的分泌以抑制症狀等。

婦科疾病 04

子宮頸癌

●這是什麼疾病？

發生在子宮下側的管狀部位（子宮頸）的癌症。子宮發生的癌症約70％位在子宮頸，日本每年約有1萬名女性罹患，2017年一年內就有約2800人死於這種疾病。

●原因

一般認為是透過性行為感染到HPV這種病毒所致，據說有過性經驗的女性，有一半以上都感染了HPV，但是大半的人能夠自然將病毒排出體外。若經過數年至數十年，就會發展成癌症。

●症狀

① 幾乎沒有初期症狀
② 性交後出血
③ 分泌物增加等

●檢查方法

① 子宮頸癌檢查
② 精密檢查

[子宮頸癌的進展]

分期		腫瘤尺寸
I 期（癌局限於子宮頸）	A1	腫瘤寬度7mm以下，深3mm以下
	A2	腫瘤寬度7mm以下，深5mm以下
	B1	腫瘤大小在4cm以內
	B2	腫瘤大小超過4cm
II 期（超出子宮頸）	A	浸潤至陰道上方2/3處
	B	浸潤至子宮頸周遭組織
III 期（浸潤至陰道下部或骨盆壁）	A	浸潤至陰道下方1/3處
	B	子宮頸周遭組織的浸潤蔓延至骨盆
IV 期（遠處轉移）	A	浸潤至膀胱或直腸
	B	遠處轉移（腹腔內、肝臟、肺部等）

資料出處：引用自Medical Note《何謂子宮頸癌？原因、症狀與治療相關解說（暫譯）》
http://medicalnote.jp/contents/171024-013-QL

● 預防方法

① 不吸菸

② 一年接受1次子宮頸癌檢查

● 應對法

依癌症程度、未來是否打算懷孕、是否希望保有子宮、是否有基礎疾病等，分成手術療法、放射線療法與化學療法（抗癌藥物），且會視情況單獨或搭配運用。

婦科疾病
05

子宮體癌

●這是什麼疾病？

發生於子宮體（懷孕時孕育胎兒的部分）的子宮內膜之癌症，又稱為子宮內膜癌。45歲起罹患機率增加，其中尤以停經的50～60多歲女性格外容易罹患。應留意停經後的不正常出血。

●原因

雌激素的分泌量較多、子宮內膜容易增生的人特別容易罹患。沒有生產過（月經的次數較多）、肥胖、月經不順、接受僅服用雌激素藥物的荷爾蒙療法者，都是高風險群。

●症狀

① 不正常出血
② 褐色分泌物
③ 下腹痛／腰痛等

●檢查方法

① 子宮體癌檢查
② 超音波檢查

[子宮體癌的進展]

分期	腫瘤範圍	
I期	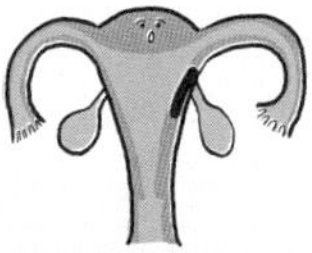	●癌細胞僅出現在子宮體 ●子宮頸與其他部位無出現癌細胞
II期	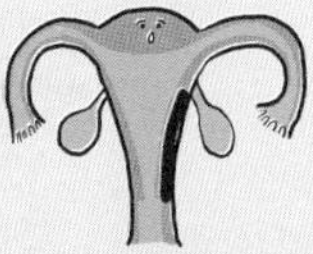	●癌細胞跨越子宮體，擴散到子宮頸 ●尚未擴散到子宮外
III期	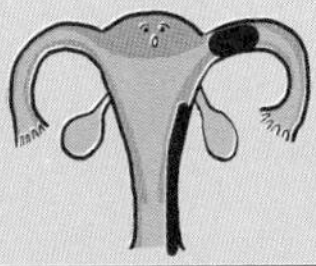	●癌細胞擴散到子宮外，但並未跨越骨盆腔，或是轉移到骨盆腔淋巴結或主動脈旁淋巴結
IV期	●癌細胞跨越骨盆腔，擴散到其他部位 ●擴散或遠處轉移到腸道黏膜或膀胱	

資料出處：引用修改自日本國立癌症研究中心 癌症資訊服務
http://ganjoho.jp/public/cancer/corpus_uteri/treatment.html

●預防方法

①留意肥胖問題

●應對法

開刀摘除子宮與卵巢，且依癌症發展程度配合放射線治療、化療或荷爾蒙療法等，癌症初期可藉由腹腔鏡手術（在腹部開幾個小洞進行的手術）處理。

婦科疾病

06

卵巢癌

●這是什麼疾病？

發生在卵巢的癌症。依腫瘤位置分成上皮細胞癌、生殖細胞癌與性腺間質細胞癌等，但90％以上都是上皮細胞癌。沒有懷孕生產過的年輕女性也有機會罹患，且初期多半沒有自覺症狀。

●原因

近親（母親、姊妹）有人罹患卵巢癌時，罹患機率高於沒有的人。排卵次數較多（沒有懷孕生產過）以及歐美化的飲食習慣等都是主因。

●症狀

① 下腹脹、不舒服
② 下腹痛
③ 頻尿／食慾不振等

●檢查方法

① 超音波檢查
② 血液檢查

[卵巢癌的進展]

分期	腫瘤範圍	
I 期	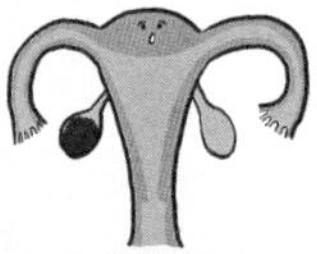	●癌細胞僅出現在卵巢
II 期	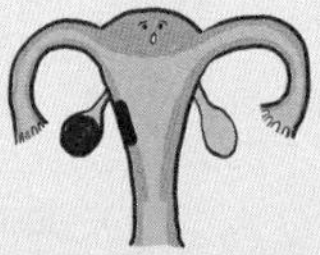	●癌症擴散到骨盆腔內的子宮、輸卵管、直腸與膀胱的腹膜等
III 期	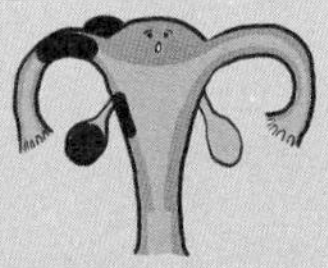	●癌細胞轉移到淋巴結，或是跨越骨盆腔轉移到上腹部的腹膜、大網膜、小腸等處
IV 期	●癌症轉移到肝臟或肺部等	

資料出處：引用自MSD製藥 與癌症共處〈卵巢癌 癌症的類型與擴散〉
https://www.msdoncology.jp/ovarian-cancer/about/type.xhtml

● 預防方法

① 飲食均衡
② 避免過度飲酒
③ 不吸菸

● 應對法

依癌症進展程度或併發症有無，運用手術與化療。現在有愈來愈多的癌症初期患者，會選擇對身體負擔較低的腹腔鏡手術（在腹部開幾個小洞進行的手術）。

婦科疾病 07

乳癌

這是什麼疾病？

發生在分泌母乳用的乳腺，也是日本女性罹癌案例中最常見的癌症，據稱每11人就有1人罹患乳癌。罹患風險從35歲起開始增加，並於45～50歲間達到巔峰。乳癌分成乳管癌與乳小葉癌，其中約90％都是乳管癌。

原因

乳癌的發生與發展都與雌激素有關，初經較早、停經較晚、未生產過、未哺乳過、第一次生產年齡較高等，有許多受到雌激素影響的原因。

症狀

① 乳房腫塊、凹陷、腫大

② 乳頭出現帶血的分泌物

檢查方法

① 乳房攝影術

② 乳腺超音波檢查

[乳癌的機制]

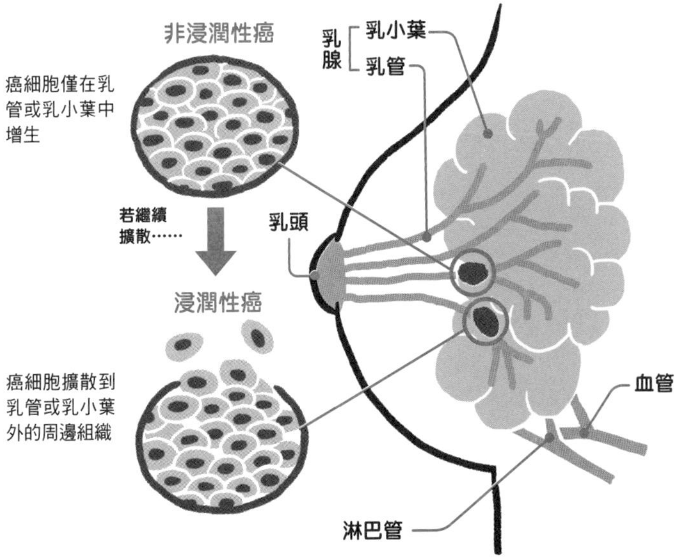
非浸潤性癌
癌細胞僅在乳管或乳小葉中增生
若繼續擴散……
浸潤性癌
癌細胞擴散到乳管或乳小葉外的周邊組織
乳腺
乳小葉
乳管
乳頭
血管
淋巴管

預防方法

① 均衡飲食
② 避免過度飲酒
③ 不吸菸

應對法

依癌症進程運用手術、藥物治療與放射線治療。若是初期階段還有機會保留乳房，近年也有許多人選擇乳房重建術。

乳腺疾病

這是什麼疾病？

各種發生在乳腺的病變總稱，包括乳房脹大、乳房表面形成伴隨疼痛的腫塊、乳頭出現分泌物等。常見於30～40多歲女性，症狀在月經前會變得特別嚴重。

原因

受到隨著月經週期變動的女性荷爾蒙影響。雌激素分泌量提高時，女性的身體會為了準備懷孕而使乳管與周邊組織變得發達，結果造成乳房出現腫脹感或脹痛。

症狀

① 乳房出現腫塊
② 觸摸乳房會痛
③ 經前特別痛

檢查方法

① 乳房攝影術
② 乳腺超音波檢查

[乳癌與乳腺疾病的差異]

	乳癌	乳腺疾病
好發年齡	40～60歲	30～50歲
腫瘤狀態	●出現小石頭般的硬塊 ●腫塊摸到不會痛 ●症狀與月經週期無關	●出現具有彈性的腫塊 ●腫塊摸到會痛 ●症狀會隨著月經週期出現
乳頭	有混雜血液的分泌物	有乳汁般的分泌物
乳房皮膚異常	乳房表面有緊縮感或出現凹陷處	無

養成邊洗澡邊
自我檢查的習慣吧！

MINI COLUMN

乳房的自我檢查法

請養成洗澡時自我檢查的習慣吧。檢查方法為①面對鏡子舉高手臂，確認乳房是否有緊縮處或凹陷處，②用手指按住乳房，以畫圈的方式移動，確認乳房與周邊是否有腫塊，③按壓乳頭確認是否有出血。

阿茲海默症

這是什麼疾病？

由於腦部萎縮導致記憶、認知、判斷等認知功能變差，對日常生活造成障礙的狀態，是最為常見的一種失智症，大約占整體的70%，且女性多於男性。

原因

名為β澱粉樣蛋白的特殊蛋白質堆積在腦中，破壞神經細胞所引起。有人認為女性罹患阿茲海默症的原因，或許與停經後雌激素的分泌量減少有關。

症狀

① 對健忘沒有自覺
② 無法區分善惡
③ 無法做飯

檢查方法

① 身體檢查
② 失智症檢查

[阿茲海默症的機制]

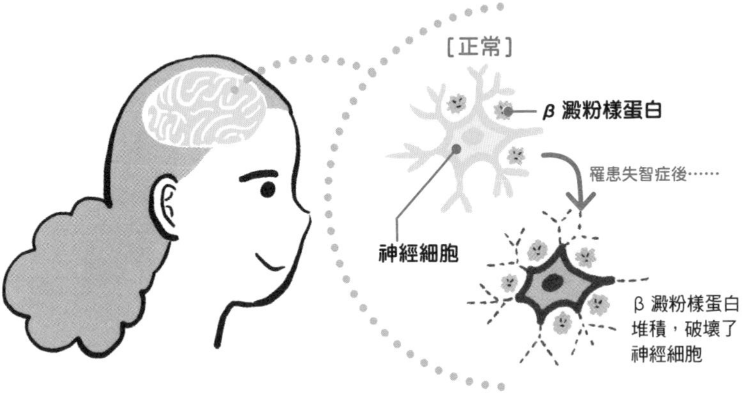
[正常]
β 澱粉樣蛋白
罹患失智症後……
神經細胞
β 澱粉樣蛋白
堆積，破壞了
神經細胞

MINI COLUMN

年輕人可能不會注意到……

64歲以下罹患阿茲海默症時，稱為「年輕型失智症」。年輕型失智症通常有發現得較晚的傾向，必須特別留意。此外阿茲海默症的遺傳機率很高，家族中有失智症患者時請盡早檢查。

● 預防方法

① 避免過度飲酒
② 不吸菸
③ 適度運動

● 應對法

世界上仍無根治阿茲海默症的方法，只能利用藥物減緩症狀的發展。日本國內目前的許可藥物僅4種（Aricept®、Reminyl®、Memary®、Rivastach® patches／Exelon® patch）。

婦科疾病

10

甲狀腺疾病

● 這是什麼疾病？

甲狀腺荷爾蒙分泌出現異常或是甲狀腺發炎，大致上可以分成機能低下症（甲狀腺荷爾蒙的分泌低下）、機能亢進症（甲狀腺荷爾蒙的分泌過度）、腫瘤這3種。特徵是女性患者遠多於男性患者。

● 原因

目前尚未確實解開原因，但一般認為是自體免疫異常、對甲狀腺下達指令的腦下垂體功能不全等。最具代表性的甲狀腺疾病「橋本氏甲狀腺炎」與「瀰漫性毒性甲狀腺腫」雖然沒有遺傳性，但有些家族間仍出現多名患者。

● 症狀

① 全身懶洋洋

② 心悸、呼吸困難

③ 無法改善的水腫

● 檢查方法

① 血液檢查

② 超音波檢查

[甲狀腺荷爾蒙的功能]

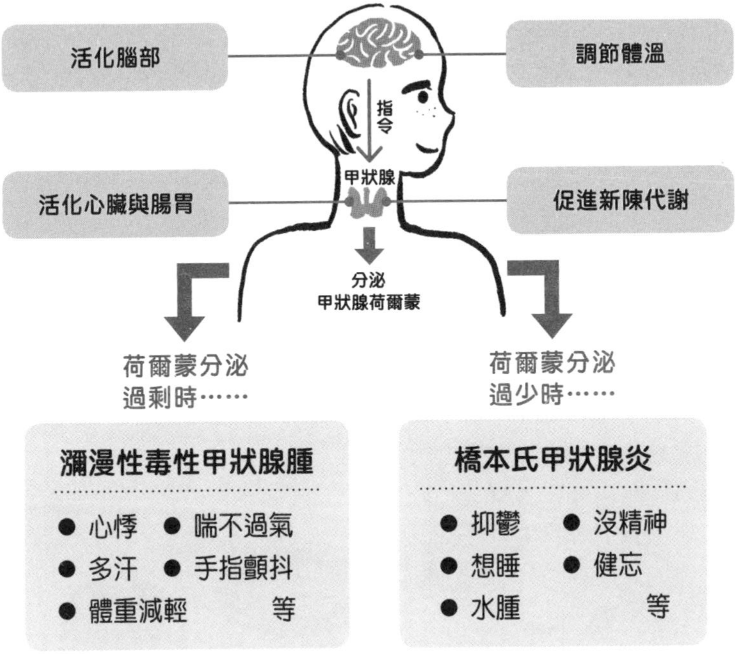
活化腦部
調節體溫
指令
甲狀腺
活化心臟與腸胃
促進新陳代謝
分泌
甲狀腺荷爾蒙
荷爾蒙分泌
過剩時……
荷爾蒙分泌
過少時……
瀰漫性毒性甲狀腺腫
● 心悸 ● 喘不過氣
● 多汗 ● 手指顫抖
● 體重減輕 等
橋本氏甲狀腺炎
● 抑鬱 ● 沒精神
● 想睡 ● 健忘
● 水腫 等

● 預防方法

① 飲食均衡

② 避免累積壓力

● 應對法

甲狀腺機能低下時，可用藥物彌補不足的甲狀腺荷爾蒙。亢進症則可透過服藥、切除甲狀腺等抑制甲狀腺荷爾蒙的分泌。腫瘤若是良性可以選擇追蹤或切除，惡性就要開刀或是進行放射線治療等。

EPISODE.06

和荷爾蒙一起努力吧～

最近狀況不錯
盡量避免在PMS時加班
我先走了～
辛苦了。
多留意飲食內容
今天吃納豆！
好好地泡澡放鬆一下身體
我這才發現
啪噠啪噠
肌膚感覺也不錯～
自己以前有多麼忽視自己的身體……

最近
保奈美小姐好溫柔……
咦？
是因為我工作能力變好了對吧？
吵死了，受不了耶。
辛苦囉～
再加上變得會去想是否是荷爾蒙搞的鬼？對我的身心也有很大的幫助
不必自責讓我覺得輕鬆多了……
哇！
呀
呀
以後也要和荷爾蒙一起努力～
什麼啦～
呵呵
去吃飯吧
嚇死我了～
結束！

必須每天確認基礎體溫與身體狀態，
才能夠了解自己身心起伏的模式與時期。
請填寫這份表格，找出自己的月經週期模式吧。

＼ 認識自己的週期模式以應對各種不適 ／

月曆式起伏檢視表

［填寫範例］

日期			
月經	量：多	●	●
	量：普通		●
	量：少		
體溫	36.8		
	36.7		
	36.6		
	36.5		
	36.1		
	36.0		
	35.9		
	35.8		
身體症狀	腹脹		
	下腹痛		✓
	頭痛		✓
	便祕	✓	
	想睡		
心理症狀	煩躁		
	不安		
	焦慮		
	悲傷		
MEMO		服用止痛藥	

每天早上測量基礎體溫後畫成圖表。

寫下容易出現的症狀，並在出現時勾選。

填寫服藥、飲酒狀況等生活上的變化。

日期												
月經	量：多											
	量：普通											
	量：少											
體溫												
身體症狀												
心理症狀												
MEMO												

松村圭子

出生於1969年，日本產科婦科學會專科醫生，成城松村診所院長。畢業於廣島大學醫學系，任職廣島大學附屬醫院等，之後展開現職。藉由用心的診療陪伴女性的一生，從年輕女性的月經問題到更年期障礙都全力協助，同時也精通抗老化相關學問。兼任經期管理APP「Luna Luna」的顧問，除了西醫外也積極運用中醫、營養食品與各種點滴療法。

日文版工作人員

美術總監　川村哲司（atmosphere ltd.）
設計　吉田香織（atmosphere ltd.）
DTP　松田祐加子（POOL GRAPHICS）
漫畫、插圖　のがみもゆこ
執筆協助　野中かおり
編輯協助　岡田直子（ヴュー企画）
校對　聚珍社

KORETTE HORMON NO SHIWAZA DATTANONE
JOSEI-HORMON TO JOZU NI TSUKIAU KOTSU

Illustrations by Moyuko NOGAMI
First published in Japan in 2020 by Ikeda Publishing, Co., Ltd.
Traditional Chinese translation rights arranged with PHP Institute, Inc.

這些問題，都是女性荷爾蒙在搞怪！

失眠、發冷、瘦不下來、肌膚乾燥、腰痛……
學會對策就能解決90%的問題！

2021年3月1日初版第一刷發行
2023年6月1日初版第二刷發行

作　　者　松村圭子
譯　　者　黃筱涵
編　　輯　邱千容
封面設計　水青子
發 行 人　若森稔雄
發 行 所　台灣東販股份有限公司
　　　　　<網址>http://www.tohan.com.tw
法律顧問　蕭雄淋律師
香港發行　萬里機構出版有限公司
　　　　　<地址>香港北角英皇道499號北角工業大廈20樓
　　　　　<電話>（852）2564-7511
　　　　　<傳真>（852）2565-5539
　　　　　<電郵>info@wanlibk.com
　　　　　<網址>http://www.wanlibk.com
　　　　　　　　　http://www.facebook.com/wanlibk
香港經銷　香港聯合書刊物流有限公司
　　　　　<地址>香港荃灣德士古道220-248號
　　　　　　　　　荃灣工業中心16樓
　　　　　<電話>（852）2150-2100
　　　　　<傳真>（852）2407-3062
　　　　　<電郵>info@suplogistics.com.hk
　　　　　<網址>http://www.suplogistics.com.hk
ISBN 978-962-14-7330-1